PyTorch
深度学习指南

编程基础 卷I

［巴西］ 丹尼尔·沃格特·戈多伊（Daniel Voigt Godoy） 著

赵春江 译

全彩
印刷

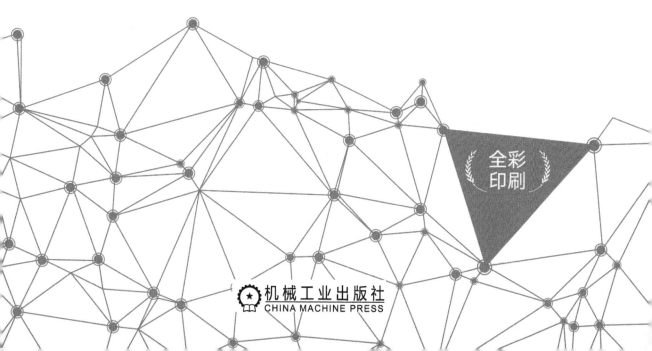

机械工业出版社
CHINA MACHINE PRESS

"PyTorch 深度学习指南"丛书循序渐进地详细讲解了与深度学习相关的重要概念、算法和模型，并着重展示了 PyTorch 是如何实现这些算法和模型的。其共分三卷：编程基础、计算机视觉、序列与自然语言处理。

本书为该套丛书的第一卷：编程基础。本书主要介绍了梯度下降和 PyTorch 的 Autograd；训练循环、数据加载器、小批量和优化器；二元分类器、交叉熵损失和不平衡数据集；决策边界、评估指标和数据可分离性等内容。

本书适用于对深度学习感兴趣，并希望使用 PyTorch 实现深度学习的 Python 程序员阅读学习。

图书在版编目（CIP）数据

PyTorch 深度学习指南．卷I，编程基础/（巴西）丹尼尔·沃格特·戈多伊（Daniel Voigt Godoy）著；赵春江译.—北京：机械工业出版社，2024.3（2024.11 重印）

书名原文：Deep Learning with PyTorch Step-by-Step：A Beginner's Guide：Fundamentals Volume Ⅰ

ISBN 978-7-111-74978-3

Ⅰ．①P…　Ⅱ．①丹…　②赵…　Ⅲ．①机器学习　Ⅳ．①TP181

中国国家版本馆 CIP 数据核字（2024）第 013896 号

机械工业出版社（北京市百万庄大街22 号　邮政编码 100037）
策划编辑：张淑谦　　　　　责任编辑：张淑谦　李晓波
责任校对：李可意　张　薇　责任印制：常天培
北京机工印刷厂有限公司印刷
2024 年11 月第1 版第3 次印刷
184mm×240mm·12 印张·294 千字
标准书号：ISBN 978-7-111-74978-3
定价：99.00 元

电话服务　　　　　　　　　网络服务
客服电话：010-88361066　　机　工　官　网：www.cmpbook.com
　　　　　010-88379833　　机　工　官　博：weibo.com/cmp1952
　　　　　010-68326294　　金　书　网：www.golden-book.com
封底无防伪标均为盗版　机工教育服务网：www.cmpedu.com

前　言

　　如果您正在阅读"PyTorch 深度学习指南"这套书，我可能不需要告诉您深度学习有多棒，PyTorch 有多酷，对吧？

　　但我会简单地告诉您，这套书是如何诞生的。2016 年，我开始使用 Apache Spark 讲授一门机器学习课程。几年后，我又开设了另一门机器学习基础课程。

　　在以往的某个时候，我曾试图找到一篇博文，以清晰简洁的方式直观地解释二元交叉熵背后的概念，以便将其展示给我的学生们。但由于找不到任何符合要求的文章，所以我决定自己写一篇。虽然我认为这个话题相当基础，但事实证明它是我最受欢迎的博文！读者喜欢我用简单、直接和对话的方式来解释这个话题。

　　之后，在 2019 年，我使用相同的方式撰写了另一篇博文"Understanding PyTorch with an example：a step-by-step tutorial"，我再次被读者的反应所惊讶。

　　正是由于他们的积极反馈，促使我写这套书来帮助初学者开始他们的深度学习和 PyTorch 之旅。我希望读者能够享受阅读，就如同我曾经是那么享受本书的写作一样。

致　　谢

首先，我要感谢网友——我的读者，你们使这套书成为可能。如果不是因为有成千上万的读者在我的博文中对 PyTorch 的大量反馈，我可能永远都不会鼓起勇气开始并写完这一套近七百页的书。

我要感谢我的好朋友 Jesús Martínez-Blanco（他把我写的所有内容都读了一遍）、Jakub Cieslik、Hannah Berscheid、Mihail Vieru、Ramona Theresa Steck、Mehdi Belayet Lincon 和 António Góis，感谢他们帮助了我，他们奉献出了很大一部分时间来阅读、校对，并对我的书稿提出了改进意见。我永远感谢你们的支持。我还要感谢我的朋友 José Luis Lopez Pino，是他最初推动我真正开始写这套书。

非常感谢我的朋友 José Quesada 和 David Anderson，感谢他们在 2016 年以学生身份邀请我参加 Data Science Retreat，并随后聘请我在那里担任教师。这是我作为数据科学家和教师职业生涯的起点。

我还要感谢 PyTorch 开发人员开发了如此出色的框架，感谢 Leanpub 和 Towards Data Science 的团队，让像我这样的内容创作者能够非常轻松地在社区分享他们的工作。

最后，我要感谢我的妻子 Jerusa，她在本套书的写作过程中一直给予我支持，并花时间阅读了其中的每一页。

关 于 作 者

　　丹尼尔·沃格特·戈多伊（以下简称丹尼尔）是一名数据科学家、开发人员、作家和教师。自 2016 年以来，他一直在柏林历史最悠久的训练营 Data Science Retreat 讲授机器学习和分布式计算技术，帮助数百名学生推进职业发展。

　　丹尼尔还是两个 Python 软件包——HandySpark 和 DeepReplay 的主要贡献者。

　　他拥有在多个行业 20 多年的工作经验，这些行业包括银行、政府、金融科技、零售和移动出行等。

译　者　序

当今，深度学习已经成为计算机科学领域的一个热门话题，主要包括自然语言处理（如文本分类、情感分析、机器翻译等）、计算机视觉（如图像分类、目标检测、图像分割等）、强化学习（如通过与环境的交互来训练智能体，实现自主决策和行为等）、生成对抗网络（如利用两个神经网络相互对抗的方式来生成逼真的图像、音频或文本等）、自动驾驶技术（如利用深度学习技术实现车辆的自主驾驶等）、语音识别（如利用深度学习技术实现对语音信号的识别和转换为文本等）、推荐系统（如利用深度学习技术实现个性化推荐，以提高用户体验和购物转化率等）。

目前，主流的深度学习框架包括 PyTorch、TensorFlow、Keras、Caffe、MXNet 等。而 PyTorch 作为一个基于 Python 的深度学习框架，对初学者十分友好，原因如下：

- PyTorch 具有动态计算图的特性，这使得用户可以更加灵活地定义模型，同时还能够使用 Python 中的流程控制语句等高级特性。这种灵活性可以帮助用户更快地迭代模型，同时也可以更好地适应不同的任务和数据。
- PyTorch 提供了易于使用的接口（如 nn. Module、nn. functional 等），使得用户可以更加方便地构建和训练深度学习模型。这些接口大大减少了用户的编码工作量，并且可以帮助用户更好地组织和管理模型。
- PyTorch 具有良好的可视化工具（如 TensorBoard 等），这些工具可以帮助用户更好地理解模型的训练过程，并且可以帮助用户更好地调试模型。
- PyTorch 在 GPU 上的性能表现非常出色，可以大大缩短模型训练时间。

综上所述，PyTorch 是一个非常适合开发深度学习模型的框架，它提供了丰富的工具和接口。同时，还具有灵活和良好的可视化工具，可以帮助用户更快、更好地开发深度学习模型。

市场上有许多讲解 PyTorch 的书籍，但"PyTorch 深度学习指南"这套丛书与众不同、独具特色，其表现为：

- 全面介绍 PyTorch，包括其历史、体系结构和主要功能。
- 涵盖深度学习的基础知识，包括神经网络、激活函数、损失函数和优化算法。
- 包括演示如何使用 PyTorch 构建和训练各种类型的神经网络（如前馈网络、卷积网络和循环网络等）的分步教程和示例。
- 涵盖高级主题，如迁移学习、Seq2Seq 模型和 Transformer。

- 提供使用 PyTorch 的实用技巧和最佳实践，包括如何调试代码、如何使用大型数据集以及如何将模型部署到生产中等。
- 每章都包含实际示例和练习，以帮助读者加强对该章内容的理解。

例如，目前最火爆的 ChatGPT 是基于 GPT 模型的聊天机器人，而 GPT 是一种基于 Transformer 架构的神经网络模型，用于自然语言处理任务，如文本生成、文本分类、问答系统等。GPT 模型使用了深度学习中的预训练和微调技术，通过大规模文本数据的预训练来学习通用的语言表示，然后通过微调来适应具体的任务。Transformer 架构模型、预训练、微调等技术，在这套丛书中都有所涉及。相信读者在读完本丛书后，也能生成自己的聊天机器人。

此外，本丛书结构合理且易于理解，对于每个知识点的讲解，作者都做到了循序渐进、娓娓道来，而且还略带幽默。

总之，本丛书就是专为那些没有 PyTorch 或深度学习基础的初学者而设计的。

丛书的出版得到了译者所在单位合肥大学相关领导和同事的大力支持，在此表示诚挚的感谢。

鉴于译者水平有限，书中难免会有错误和不足之处，真诚欢迎各位读者给予批评指正。

目录 CONTENTS

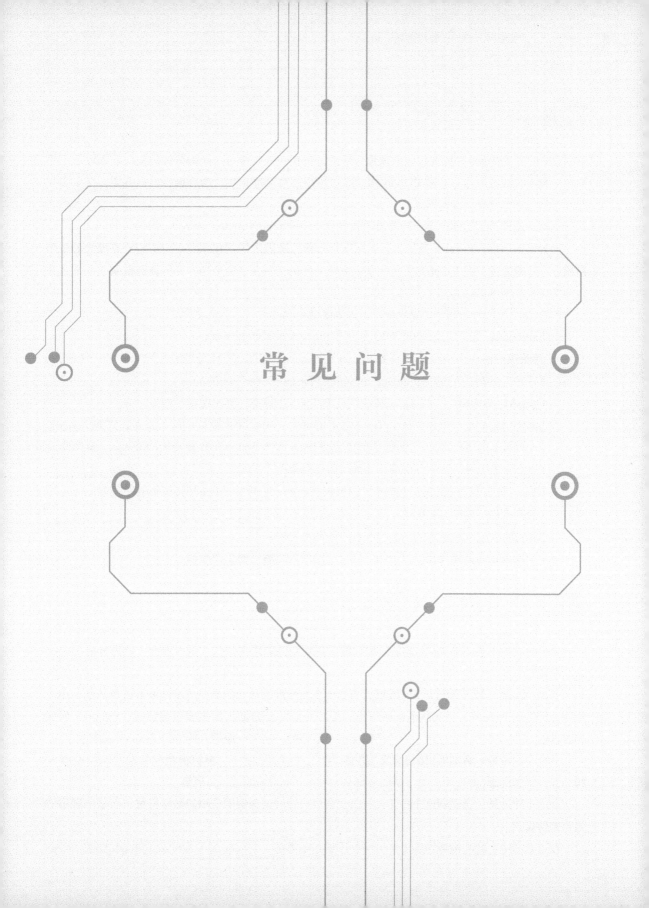

常 见 问 题

为什么选择 PyTorch？

首先，在 PyTorch 中编写代码很**有趣**。确实，它有一些功能可以让编写代码变得非常轻松和愉快……有人说这是因为它非常 **Python 化**，或者也许还有其他东西，谁知道呢？我希望，在学习完这套书后，您也会有这样的感觉。

其次，也许对您的健康有一些意想不到的好处——请查看 Andrej Karpathy 的推文[1]。

抛开玩笑不谈，PyTorch 是用于开发深度学习模型**发展最快**的框架[2]之一，它拥有**庞大的生态系统**[3]。也就是说，在 PyTorch 之上开发了许多工具和库。它已经是学术界的**首选框架**[4]，并且在行业中应用越来越广泛。

PyTorch[5] 已经为多家公司提供支持，这里仅举几例：

- **Facebook**：该公司是 2016 年 10 月发布 PyTorch 的原始开发者。
- **特斯拉**：在这个视频[6]中观看 Andrej Karpathy（特斯拉的 AI 总监）关于"*how Tesla is using PyTorch to develop full self-driving capabilities for its vehicles*"的讲话。
- **OpenAI**：2020 年 1 月，OpenAI 决定在 PyTorch 上标准化其深度学习框架[7]。
- **fastai**：fastai 是一个建立在 PyTorch 之上的库[8]，用于简化模型训练，并且在它的 *Practical Deep Learning for Coders*[9] 课程中被使用。fastai 库与 PyTorch 有着密切的联系，"如果您对 PyTorch 不了解，就不可能真正地熟练使用 fastai"[10]。
- **Uber**：该公司是 PyTorch 生态系统的重要贡献者，它开发了 Pyro[11]（概率编程）和 Horovod[12]（分布式训练框架）等库。
- **Airbnb**：PyTorch 是该公司客户服务对话助手的核心[13]。

本套书旨在让您开始使用 PyTorch，同时让您**深入理解它的工作原理**。

 ## 为什么选择这套书？

市场上有很多关于 PyTorch 的书籍和教程，其文档已非常完整和广泛。那么，您**为什么**要选择这套书呢？

首先，这**是**一套不同于大多数教程的书：大多数教程都从一些漂亮的图像分类问题开始，用以说明如何使用 PyTorch。这可能看起来很酷，但我相信它会**分散**您的**主要学习目标：PyTorch 是如何工作的**。在本书中，我介绍了一种**结构化的、增量的、从第一原理开始**学习 PyTorch 的方法。

其次，这**不是一套刻板（传统意义）的书**：我正在写的这套书，**就好像我在与您**（读者）**交谈一样**。我会问您**问题**（并在不久之后给您答案），我也会开（看似愚蠢的）**玩笑**。

我的工作就是让您**理解**这个主题，所以我会尽可能地**避免使用花哨的数学符号**，而是用**通俗的语言来解释它**。

在这套书中，我将**指导**您在 PyTorch 中**开发**许多模型，并向您展示为什么 PyTorch 能在 Python

中让构建模型变得**更加容易**和**直观**：Autograd、动态计算图、模型类等。

我们将**逐步**构建模型，这不仅要构建模型本身，还包括您的**理解**，因为我将向您展示代码背后的**推理**以及**如何避免一些常见的陷阱和错误**。

专注于基础知识还有另一个好处：这套书的**知识保质期可能更长**。对于技术书籍，尤其是那些专注于尖端技术的书籍，很快就会过时。希望这套书不会出现这种情况，因为**基本的机理没有改变**，**概念也没有改变**。虽然预计某些语法会随着时间的推移而发生变化，但我认为不会很快出现向后兼容性的破坏性的变化。

还有一件事：如果您还没有注意到的话，那就是**我真的**很喜欢使用**视觉提示**，即**粗体**和楷体突出显示。我坚信这有助于读者更容易地**掌握**我试图在句子中传达的**关键思想**。您可以在"**如何阅读这套书？**"部分找到更多相关信息。

谁应该读这套书？

我为**一般初学者**写了这套书——不仅仅是 PyTorch 初学者。时不时地，会花一些时间来解释一些**基本概念**，我认为这些概念对于正确**理解代码中的内容**是至关重要的。

最好的例子是**梯度下降**，大多数人在某种程度上都熟悉它。也许您知道它的一般概念，也许您已经在 Andrew Ng 的机器学习课程中看到过它，或者您甚至**自己计算了一些偏导数**。

在真实情况下，梯度下降的**机制**将由 **PyTorch 自动处理**(呃，剧透警报)。但是，无论如何我都会引导您完成它(当然，除非您选择完全跳过第 0 章)，因为如果您知道**代码中的很多元素**，以及**超参数的选择**(如学习率、小批量大小等)**从何而来**，则您可以更容易理解它们。

也许您已经很了解其中的一些概念：如果是这种情况，您可以直接**跳过**它们，因为我已经使这些解释尽可能独立于其余内容。

但是**我想确保每个人都在同一条起跑线上**，所以，如果您刚刚听说过某个特定概念，或者如果您不确定是否完全理解它，则这些解释就是为您准备的。

我需要知道什么？

这是一套面向初学者的书，所以我假设尽可能**少的先验知识**——如上一节所述，我将在必要时花一些时间解释基本概念。

话虽如此，但以下内容是我对读者的期望：

- 能够使用 **Python** 编写代码(如果您熟悉面向对象编程(OOP)，那就更好了)。
- 能够使用 PyData 堆栈(如 **numpy**、**matplotlib** 和 **pandas** 等)和 **Jupyter Notebook** 工作。
- 熟悉**机器学习**中使用的一些基本概念，如：
  - 监督学习(回归和分类)。
  - 回归和分类的损失函数(如均方误差、交叉熵等)。

○ 训练–验证–测试拆分。

○ 欠拟合和过拟合(偏差–方差权衡)。

○ 评估指标(如混淆矩阵、准确率、精确率、召回率等)。

即便如此，我仍然会简要地涉及上面的**一些**主题，但需要在某个地方划清界限；否则，这套书的篇幅将是巨大的。

 ## 如何阅读这套书?

由于该书是**初学者指南**，您应按**顺序**阅读，因为想法和概念是逐步建立的。书中的**代码**也是如此：您应该能够重现所有输出，前提是您按照介绍的顺序执行代码块。

这套书在**视觉**上与其他书籍不同，正如我在"**为什么选择这套书?**"中提到的那样。我**真的**很喜欢利用**视觉提示**。虽然严格来说这不是一个**约定**，但可以通过以下方式解释这些提示。

- 用**粗体**来突出我认为在句子或段落中**最相关的词**，而楷体也被认为是重要的(虽然还不够重要到加粗)。

- 变量系数和参数一般用斜体表示，如公式中的字符等。

- 每个**代码单元**之后都有另一个单元显示相应的**输出**(如果有的话)。

- 本书中提供的**所有代码**都可以在 GitHub 上的**官方资料库**中找到，网址如下：

https://github.com/dvgodoy/PyTorchStepByStep

带有**标题**的代码单元是工作流程的重要组成部分：

标题显示在这里

```
1  #无论在这里做什么,都会影响其他的代码单元
2  #此外,大多数单元都由注释来解释正在发生的事情
3  x = [1., 2., 3.]
4  print(x)
```

如果代码单元有任何输出，无论是否有标题，都会有另一个代码单元描述相应的**输出**，以便您检查是否成功重现了它。

输出：

```
[1.0, 2.0, 3.0]
```

一些代码单元**没有**标题——运行它们不会影响工作流程：

```
#这些单元说明了如何编写代码,但它们不是主要工作流程的一部分
dummy = ['a', 'b', 'c']
print(dummy[::-1])
```

但即使是这些单元也显示了它们的输出。

输出：

```
['c', 'b', 'a']
```

根据相应的图标，我使用旁白来交流各种内容：

 警告：潜在的**问题**或需要**注意**的事项。

 提示：我真正希望您**记住**的关键内容。

 信息：需要**注意**的重要信息。

 技术性：**参数化**或**算法内部工作**的技术方面。

 问和答：问自己**问题**(假装是您，即读者)，并在同一个区域或不久之后回答。

 讨论：关于一个概念或主题的简短讨论。

 稍后：稍后将详细介绍的重要主题。

 趣闻：笑话、双关语、备忘录、电影中的台词。

 下一步是什么？

是时候使用**设置指南**为您的学习之旅**设置**环境了。

扩展阅读

文中提到的阅读资料(网址)请读者按照本书封底的说明方法自行下载。

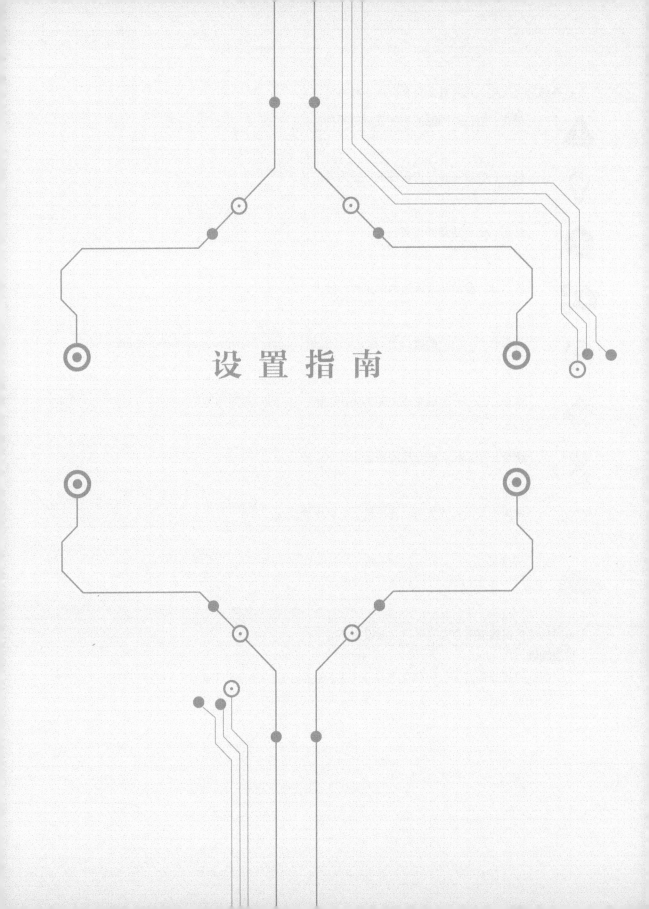

设 置 指 南

官方资料库

本书的官方资料库在 GitHub 上，https://github.com/dvgodoy/PyTorchStepByStep。

它包含了本书中**每一章**的 **Jupyter Notebook**。每个 Notebook 都包括相应章节中所显示的**所有代码**，您应该能够**按顺序运行其代码**以获得**相同的输出**，如书中所示。我坚信，能够**重现结果**会给读者带来**信心**。

环境

您有**三种方法**可以用来运行 Jupyter Notebook：

- 谷歌 Colab(https://colab.research.google.com)。
- Binder(https://mybinder.org/)。
- 本地安装。

下面简单讨论一下每种方法的**优缺点**。

 谷歌 Colab

谷歌 Colab"允许您在浏览器中编写和执行 Python、零配置、免费访问 GPU 和轻松共享"[15]。

您可以使用 Colab 的特殊网址(https://colab.research.google.com/github/)**直接从 GitHub 轻松加载 Notebook**。只需输入 GitHub 的用户或组织(如我的 dvgodoy)，它就会显示所有公共资料库的列表(如本书的 PyTorchStepByStep)。

在选择一个资源库后，同时会列出可用的 Notebook 和相应的链接，以便在一个新的浏览器标签中打开它们(如图 00.1 所示)。

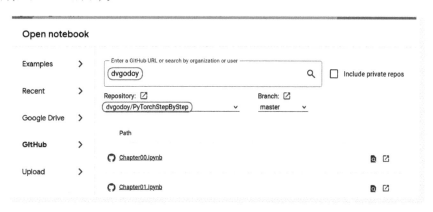

- 图 00.1 谷歌 Colab 的特殊网址

您还可以使用 **GPU**，这对于**更快**地训练深度学习模型非常有用。更重要的是，如果您对

Notebook 进行**更改**，谷歌 Colab 将会**保留这些更改**。整个设置非常方便，我能想到的**缺点**是：

- 需要**登录**谷歌账户。
- 需要(重新)安装不属于谷歌 Colab 默认配置的 Python 软件包。

▶▶ Binder

Binder"允许您创建可由许多远程用户共享和使用的自定义计算环境"[16]。

您也可以**直接从 GitHub 加载 Notebook**，但过程略有不同。Binder 会创建一个类似于"虚拟机"的东西(从技术上讲，它是一个容器，但我们暂且不论)，复制资料库并启动 Jupyter。这允许您在浏览器中访问 **Jupyter 的主页**，就像您在本地运行它一样，但一切都在 JupyterHub 服务器上运行。

只需访问 Binder 的网站(https://mybinder.org/)，并输入您想要浏览的 GitHub 资料库网址(如 https://github.com/dvgodoy/PyTorchStepByStep)，然后单击 **launch**(启动)按钮。构建映像并打开 Jupyter 的主页需要几分钟时间(如图 00.2 所示)。

● 图 00.2　Binder 的主页

您也可以通过链接直接**启动**本书资源库的 **Binder**，即 https://mybinder.org/v2/gh/dvgodoy/PyTorchStepByStep/master。

使用 Binder 非常方便，因为它**不需要任何类型的预先设置**。任何成功运行环境所需的 Python 软件包都可能在启动过程中被安装(如果由资料库的作者提供的话)。

另一方面，启动可能**需要一些时间**，并且在会话过期后它**不会保留您的修改**(因此，请确保**下载**您修改过的任何 Notebook)。

▶▶ 本地安装

该方法将为您提供更大的灵活性，但设置起来需要花费更多的时间。我提倡您尝试设置自己的环境。起初可能看起来令人生畏，但您肯定可以通过以下 7 个简单步骤完成它：

清　单

- □1. 安装 **Anaconda**。
- □2. 创建并激活一个**虚拟环境**。
- □3. 安装 **PyTorch** 软件包。
- □4. 安装 **TensorBoard** 软件包。
- □5. 安装 **GraphViz** 软件和 **TorchViz** 软件包(**可选**)。
- □6. 安装 **git** 并**复制**资料库。
- □7. 启动 **Jupyter** Notebook。

1. Anaconda

如果您还没有安装 **Anaconda 个人版**[17]，那么这将是安装它的好时机——这是一种方便的开始方式——因为它包含了数据科学家开发和训练模型所需的大部分 Python 库。

请按照所属操作系统的**安装说明**进行相应操作：

- Windows(https://docs.anaconda.com/anaconda/install/windows/)。
- macOS(https://docs.anaconda.com/anaconda/install/mac-os/)。
- Linux(https://docs.anaconda.com/anaconda/install/linux/)。

 确保您选择的是 **Python 3.x** 版本，因为 Python 2.x 已于 2020 年 1 月不再提供错误修复版或安全更新。

安装 Anaconda 之后，就可以创建环境了。

2. Conda(虚拟)环境

虚拟环境是隔离与不同项目相关的 Python 安装的便捷方式。

 "环境是什么?"

它几乎是 **Python 本身及其部分**(**或全部**)**库的复制**，因此，您最终会在计算机上安装多个 Python。

 您可能想知道："为什么我不能只安装一个 Python 来完成所有工作?"

有这么多独立开发的 Python **库**，每个库都有不同的版本，每个版本都有不同的**依赖关系**(对其他库)，**事情很快就会失控**。

讨论这些问题超出了本书的范围，但请相信我的话(或者通过网络搜寻答案)，如果您养成了**为每个项目创建不同环境的习惯**，将会受益匪浅。

 "我该如何创建一个环境?"

首先，您需要为自己的环境选择一个**名称**，称之为 pytorchbook（或其他任何您觉得容易记住的名称）。然后，您需要打开**终端**（在 Ubuntu 中）或 **Anaconda Prompt**（在 Windows 或 macOS 中），再输入以下命令：

```
$ conda create -n pytorchbook anaconda
```

上面的命令创建了一个名为 pytorchbook 的 Conda 环境，并在其中包含了**所有 Anaconda 软件包**（此时该喝杯咖啡了，因为这需要一段时间……）。如果您想了解有关创建和使用 Conda 环境的更多信息，请查看 Anaconda 的管理环境用户指南[18]。

环境创建完成了吗？很好，现在是**激活它**的时候了。也就是说，让 **Python 安装**成为现在要使用的环境。在同一个终端（或 Anaconda Prompt）中，只要输入以下命令：

```
$ conda activate pytorchbook
```

您看到的提示应该是这样的（如果您使用的是 Linux）：

```
(pytorchbook) $
```

或者像这样（如果您使用的是 Windows）：

```
(pytorchbook)C:\>
```

完成了，您现在正在使用一个**全新的 Conda 环境**。您需要在每次打开新终端时**激活它**，或者如果您是 Windows 或 macOS 用户，可以打开相应的 Anaconda Prompt［在我们的例子中，它将显示为 **Anaconda Prompt（pytorchbook）**］，这将从一开始就激活它。

> **重要提示**：从现在开始，我假设您每次打开终端/Anaconda Prompt 时都会激活 pytorchbook 环境，进一步的安装步骤**必须**在这个环境中执行。

3. PyTorch

这里仅仅是以防您略过介绍，为了吸引您我说 PyTorch 是最酷的**深度学习框架之一**。

它是"一个开源机器学习框架，加速了从研究原型到生产部署的过程"[19]。听起来不错，对吗？嗯，在这一点上我可能不需要说服您。

是时候安装"节目的明星"了，可以直接从**本地启动**（https://pytorch.org/get-started/locally/），它会自动选择最适合您的本地环境，并显示要**运行的命令**（如图 00.3 所示）。

下面给出其中的一些选项。

- PyTorch 构建：始终选择**稳定**版本。
- 软件包：假设您使用的是 **Conda**。
- 语言：很明显，是 **Python**。

因此，剩下两个选项：**您的操作系统**和 **CUDA**。

"CUDA 是什么？"您问。

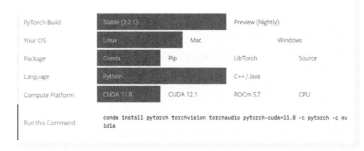

START LOCALLY

Select your preferences and run the install command. Stable represents the most currently tested and supported version of PyTorch. This should be suitable for many users. Preview is available if you want the latest, not fully tested and supported, builds that are generated nightly. Please ensure that you have **met the prerequisites below (e.g., numpy)**, depending on your package manager. Anaconda is our recommended package manager since it installs all dependencies. You can also install previous versions of PyTorch. Note that LibTorch is only available for C++.

NOTE: Latest PyTorch requires Python 3.8 or later. For more details, see Python section below.

PyTorch Build	Stable (2.2.1)		Preview (Nightly)	
Your OS	Linux	Mac	Windows	
Package	Conda	Pip	LibTorch	Source
Language	Python		C++ / Java	
Compute Platform	CUDA 11.8	CUDA 12.1	ROCm 5.7	CPU
Run this Command:	conda install pytorch torchvision torchaudio pytorch-cuda=11.8 -c pytorch -c nvidia			

• 图 00.3　PyTorch 的本地启动

使用 GPU/CUDA

CUDA"是英伟达(NVIDIA)公司为在图形处理单元(GPU)上进行通用计算而开发的一个并行计算平台和编程模型"[20]。

如果您的计算机中有 **GPU**(可能是 GeForce 显卡),则可以利用它的强大功能来训练深度学习模型,速度比使用 CPU **快得多**。在这种情况下,您应该选择安装包含支持 CUDA 的 PyTorch。

但这还不够,如果您还没有这样做,则需要安装最新的驱动程序、CUDA 工具包和 CUDA 深度神经网络库(cuDNN)。关于 CUDA 更详细的安装说明不在本书的范围之内,感兴趣的读者可查阅相关资料。

使用 GPU 的**优势**在于,它允许您**更快地迭代**,并**尝试更复杂的模型和更广泛的超参数**。

就我而言,我使用 **Linux**,并且有一个安装了 CUDA 11.8 版的 **GPU**,所以我会在**终端**中运行以下命令(在激活环境后):

```
(pytorchbook) $ conda install pytorch torchvision torchaudio pytorch-cuda = 11.8 -c pytorch
-c nvidia
```

使用 CPU

如果您**没有 GPU**,则应为 CUDA 选择 **None**。

 "我可以在**没有** GPU 的情况下运行代码吗?"您问。

当然可以。本书中的代码和示例旨在让**所有读者**都能迅速理解它们。一些示例可能需要更多的计算能力,但也仅涉及 CPU 被占用的那**几分钟**,而不是几小时。如果您没有 GPU,**请不要担心**。此外,如果您需要使用 GPU 一段时间,可以随时使用谷歌 Colab。

如果我有一台 **Windows** 计算机,并且**没有 GPU**,我将不得不在 **Anaconda Prompt**(**pytorchbook**)中

运行以下命令：

```
(pytorchbook) C:\> conda install pytorch torchvision torchaudio cpuonly -c pytorch
```

安装 CUDA

CUDA：为 GeForce 显卡、NVIDIA 的 cuDNN 和 CUDA 工具包等安装驱动程序可能具有挑战性，并且高度依赖您拥有的型号和使用的操作系统。

1）要安装 GeForce 的驱动程序，请访问 GeForce 的网站（https://www.geforce.com/drivers），选择您的操作系统和显卡型号，然后按照安装说明进行操作。

2）要安装 NVIDIA 的 CUDA 深度神经网络库（cuDNN），您需要在 https://developer.nvidia.com/cudnn 上注册。

3）对于安装 CUDA 工具包（https://developer.nvidia.com/cuda-toolkit），请按照您操作系统的提示，选择一个本地安装程序或可执行文件。

macOS：如果您是 macOS 用户，请注意 PyTorch 的二进制文件**不支持 CUDA**，这意味着如果想使用 GPU，则需要**从源代码**安装 PyTorch。这是一个有点复杂的过程（如 https://github.com/pytorch/pytorch#from-source 中所述），所以，如果您不喜欢它，可以选择**不使用 CUDA**，仍然能够执行本书中的代码。

4. TensorBoard

TensorBoard 是 TensorFlow 的**可视化工具包**，它"提供了机器学习实验所需的可视化和工具"[21]。

TensorBoard 是一个强大的工具，即使我们在 PyTorch 中开发模型也可以使用它。幸运的是，无需安装整个 TensorFlow 即可获得它，您可以使用 **Conda** 轻松地**单独安装 TensorBoard**。您只需要在**终端**或 **Anaconda Prompt** 中运行如下命令（同样，在激活环境后）：

```
(pytorchbook) $ conda install -c conda-forge tensorboard
```

5. GraphViz 和 TorchViz（可选）

此步骤是可选的，主要是因为 GraphViz 的安装有时可能具有**挑战性**（尤其是在 Windows 上）。如果由于某种原因，您无法正确安装它，或者如果您决定跳过此安装步骤，仍然**可以执行本书中的代码**（除了第 1 章动态计算图部分中生成模型结构图像的两个单元外）。

GraphViz 是一个开源的图形可视化软件。它是"**一种将结构信息表示为抽象图和网络图的方法**"[22]。

只有在安装 GraphViz 后才能使用 **TorchViz**，它是一个简洁的软件包，能够可视化模型的结构。请在 https://www.graphviz.org/download/ 中查看相应操作系统的**安装说明**。

如果您使用的是 Windows，请使用 **GraphViz 的 Windows 软件包**安装程序，网址是 https://graphviz.gitlab.io/_pages/Download/windows/graphviz-2.38.msi。

您还需要将 **GraphViz** 添加到 Windows 中的 PATH(环境变量)。最有可能的是,可以在 C:\ProgramFiles(x86)\Graphviz2.38\bin 中找到 GraphViz 可执行文件。找到它后,需要相应地设置或更改 PATH,才能将 GraphViz 的位置添加到其中。

有关如何执行此操作的更多详细信息,请参阅"How to Add to Windows PATH Environment Variable"[23]。

有关其他信息,您还可以查看"How to Install Graphviz Software"[24]。

在安装 GraphViz 之后,就可以安装 **TorchViz**[25]软件包了。这个软件包**不是** Anaconda 发行库[26]的一部分,只在 Python 软件包索引 **PyPI**[27]中可用,所以需要用 pip 安装它。

再次打开**终端**或 **Anaconda Prompt**,并运行如下命令(在激活环境后):

```
(pytorchbook) $ pip install torchviz
```

要检查 GraphViz/TorchViz 的安装情况,可以尝试下面的 Python 代码:

```
(pytorchbook) $ python

Python 3.9.0 (default, Nov 15 2020, 14:28:56)
[GCC 7.3.0] :: Anaconda, Inc.on linux
Type "help", "copyright", "credits" or "license" for more information.
>>> import torch
>>> from torchviz import make_dot
>>> v = torch.tensor(1.0, requires_grad=True)
>>> make_dot(v)
```

如果一切**正常**,应该会看到如下内容:

输出:

```
<graphviz.dot.Digraph object at 0x7ff540c56f50>
```

如果收到任何类型的**错误**(下面的错误很常见),则意味着 GraphViz 仍然存在一些**安装问题**。

输出:

```
ExecutableNotFound: failed to execute ['dot', '-Tsvg'], make sure the Graphviz executables
are on your systems' PATH
```

6. git

下面向您介绍版本控制及其主流的工具 git,这部分内容远远超出了本书的范围。如果您已经熟悉了,可以跳过这一部分。否则,我建议您应了解更多信息,这**肯定**会对您以后有所帮助。同时,我将向您展示最基本的内容,因此您可以使用 git 来**复制**包含本书中使用的所有代码的**资料库**,并获得**自己的本地副本**,以便根据需要进行修改和实验。

首先,您需要安装它。因此,请前往其下载页面(https://git-scm.com/downloads),并按照适配您操作系统的说明进行操作。安装完成后,请打开一个**新的终端**或 **Anaconda Prompt**(关闭之前的就可以了)。在新终端或 Anaconda Prompt 中,应该能够**运行 git 命令**。

要复制本书的资料库,只需要运行如下命令:

```
(pytorchbook) $ git clone https://github.com/dvgodoy/PyTorchStepByStep.git
```

上面的命令将创建一个 PyTorchStepByStep 文件夹，其中包含 GitHub 资料库中所有可用内容的本地副本。

Conda 安装与 pip 安装

尽管它们乍一看似乎相同，但在使用 Anaconda 及其虚拟环境时，您应该更**喜欢 Conda 安装**而不是 **pip 安装**。原因是 Conda 安装对活动虚拟环境敏感：该软件包将仅为该环境安装。如果您使用 pip 安装，而 pip 本身没有安装在活动环境中，那么它将退回到**全局** pip，您肯定**不希望这样**。

为什么不呢？还记得我在虚拟环境一节中提到的**依赖关系**问题吗？这就是原因。Conda 安装程序假设它处理其资料库中的所有软件包，并跟踪它们之间复杂的依赖关系网络（要了解更多信息，请查看[28]）。

要了解更多有关 Conda 和 pip 之间的差异信息，请阅读"Understanding Conda and Pip"[29]。

作为一条规则，首先尝试 Conda **安装**一个指定的软件包，只有当它不存在时，才退回到 pip 安装，正如对 TorchViz 所做的那样。

7. Jupyter

复制资料库后，导航到 PyTorchStepByStep 文件夹，**一旦进入该文件夹**，只需要在终端或 Anaconda Prompt 上**启动 Jupyter**，命令如下：

```
(pytorchbook) $ jupyter notebook
```

运行命令后，将打开您的浏览器，会看到 **Jupyter 的主页**，其中包含资源库的 Notebook 和代码（如图 00.4 所示）。

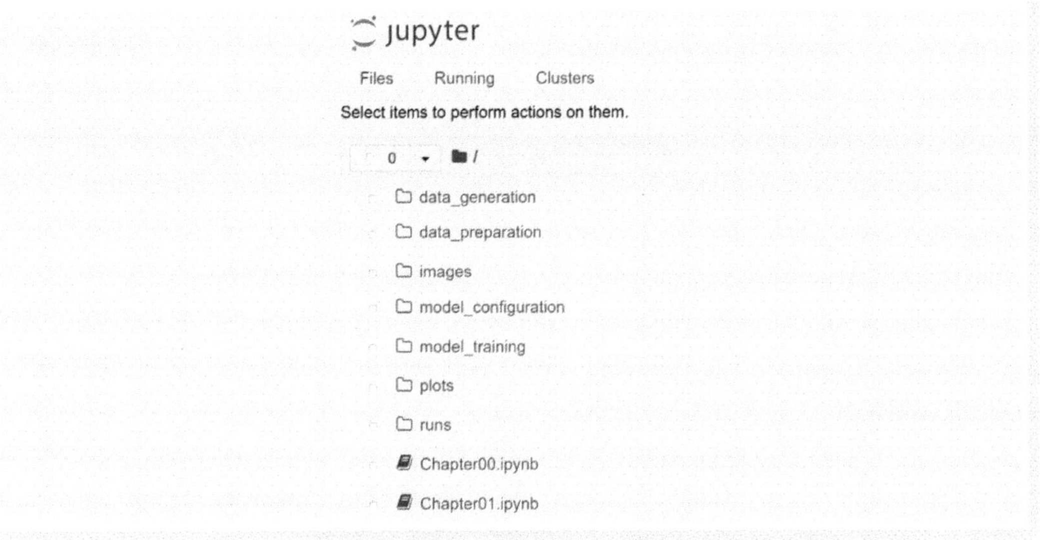

● 图 00.4 Jupyter 的主页

继续

不管您选择了三种环境中的哪一种，现在已经准备好继续前进了，**一步步**开发自己的第一个 PyTorch 模型吧。

扩展阅读

文中提到的阅读资料(网址)请读者按照本书封底的说明方法自行下载。

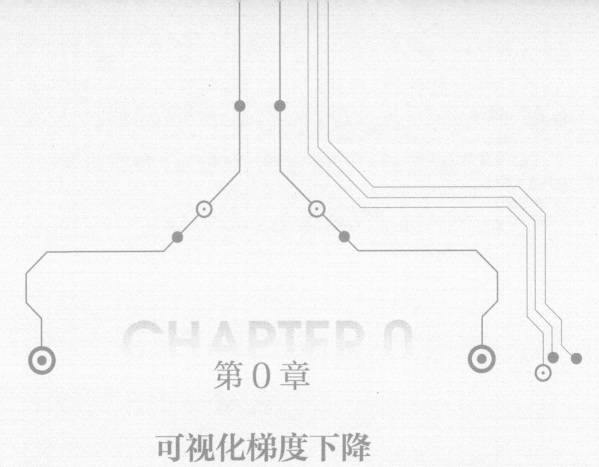

第 0 章

可视化梯度下降

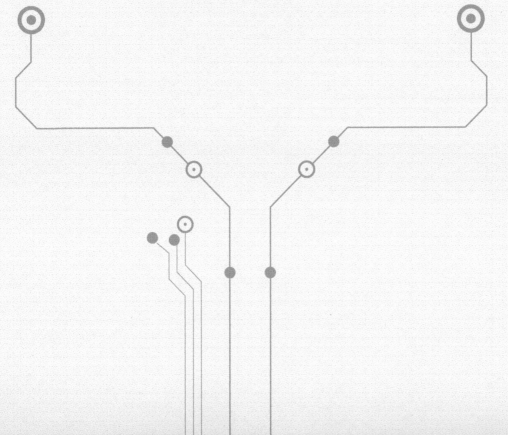

剧透

在本章，将：

- 定义一个**简单的线性回归模型**。
- 遍历**梯度下降的每一个步骤**：初始化参数、前向传递、计算误差和损失、计算梯度和更新参数。
- 使用**方程**、**代码**和**几何图形**来理解**梯度**。
- 了解**批量**(batch)、**小批量**(mini-batch)和**随机**梯度下降之间的区别。
- 可视化使用不同**学习率**对**损失的影响**。
- 了解**标准化/缩放特征**的重要性。
- 以及其他内容。

本章**没有**实际的 PyTorch 代码……其一直是 Numpy，因为这里的重点是详细理解梯度下降是如何工作的。PyTorch 将在下一章予以介绍。

 Jupyter Notebook

与第 0 章[30]相对应的 Jupyter Notebook 是 GitHub 上官方的"**Deep Learning with PyTorch Step-by-Step**"资料库的一部分。您也可以直接在**谷歌 Colab**[31]中运行它。

如果您使用的是*本地安装*，请打开终端或 Anaconda Prompt，导航到从 GitHub 复制的 PyTorchStepByStep 文件夹。然后，*激活* pytorchbook 环境并运行 Jupyter Notebook，命令如下：

```
$ conda activate pytorchbook
(pytorchbook) $ jupyter notebook
```

如果您使用 Jupyter 的默认设置，这个链接(http://localhost：8888/notebooks/Chapter00.ipynb) 应该会打开第 0 章的 Notebook。如果没有，只需单击 Jupyter 主页中的"Chapter00.ipynb"文件夹即可。

 导入

为了便于组织，在任何章节中使用的所有代码所需的库都在其开始时导入。在本章，需要以下的导入：

```
import numpy as np
from sklearn.linear_model import LinearRegression
from sklearn.preprocessing import StandardScaler
```

可视化梯度下降

根据维基百科[32]："**梯度下降**是一种一阶迭代优化算法，其用于寻找可微函数的局部最小值。"

但我会说："**梯度下降**是一种迭代技术，通常用于机器学习和深度学习，试图从初始（通常是随机的）猜测开始，为给定模型、数据点和损失函数找到最佳可能的参数/系数集。"

"为什么要**可视化**梯度下降?"

我认为梯度下降通常的解释方式缺乏直觉性。留给学生和初学者的是一堆公式和经验法则——**这不是学习如此基础主题的方法**。

如果您**真正理解**梯度下降的工作原理，也会明白**数据特征**和对**超参数的选择**（如小批量的大小和学习率）对模型训练的**效果**和**速度**有什么**影响**。

我所说的真正理解，并不是指手动处理等式——这也不能培养直觉。我的意思是**可视化**不同设置的效果，并**讲一个故事**来说明这个概念。这就是您**培养直觉**的方式。

既然如此，我将介绍使用梯度下降所需的 **5 个基本步骤**。我将向您展示相应的 Numpy 代码，同时解释许多**基本概念**。

但首先，我们需要一些**数据**。与其使用一些外部数据集，不如：

- 为更好地理解梯度下降，定义我们想要训练的**模型**。
- 为该模型**生成合成数据**。

模型

该模型必须**简单**且**常用**，这样您就可以专注于梯度下降的**内部工作原理**。所以，我将坚持使用尽可能简单的模型：**具有单个特征 x 的线性回归**。

$$y = b + wx + \epsilon$$

式 0.1-简单线性回归模型

在这个模型中，使用**特征** x 来尝试预测**标签** y 的值。该模型包含以下 3 个元素：

- **参数** b，偏差（或截距），它告诉我们当 x 为 0 时 y 的预期平均值。
- **参数** w，权重（或斜率），它告诉我们如果将 x 增加一个单位，y 平均增加了多少。
- **最后一个术语**（为什么它必须总是希腊字母?），用于解释固有的**噪声**，即我们无法摆脱的**误差**。

还可以用一种不太抽象的方式来设想同样的模型结构，如下所示：

工资 = 最低工资 + 每年增长 ×工作年限 + 噪声

更具体地说，假设**最低工资**是 1000 美元(无论货币或时间如何，这都不重要)。因此，如果您**没有工作经验**，您的工资将是**最低工资**(参数 b)。

此外，假设就**平均而言**，您每拥有一年的工作经验，就会**增加 2000 美元**(参数 w)。所以，如果您有**两年的工作经验**，薪水应该是 5000 美元。但是您的实际工资是 5600 美元(您真幸运)。由于该模型无法计算**额外**的 600 美元，因此从技术上讲，您的额外工资就是**噪声**。

 数据生成

我们已经知道了该模型。为了给它生成**合成数据**，需要为其挑选**参数**值。我从上面的示例中选择了 $b = 1$ 和 $w = 2$(以千美元计)。

首先，生成**特征** x：使用 Numpy 的 rand 方法在 0 和 1 之间随机生成 100(N)个点。

然后，将**特征** x 和**参数** b 和 w 代入方程，用以计算**标签** y。但是还需要添加一些**高斯噪声**[33](ε)；否则，合成数据集将是一条完美的直线。可以使用 Numpy 的 randn 方法生成噪声，该方法从正态分布(均值 0 和方差 1)中抽取样本，然后将其乘以一个**因子**以调整**噪声程度**。因为我不想添加太多噪声，所以我选择了 0.1 作为因子。

▶▶ 合成数据生成

数据生成：

```
1  true_b = 1
2  true_w = 2
3  N = 100
4
5  #数据生成
6  np.random.seed(42)
7  x = np.random.rand(N, 1)
8  epsilon = (.1 * np.random.randn(N, 1))
9  y = true_b + true_w * x + epsilon
```

您注意到第 6 行的 np.random.seed(42) 了吗？这行代码实际上比看起来更重要。它保证每次运行这段代码时，**都会生成相同的随机数**。

 "等等，什么?! 这些数不应该是随机的吗？怎么可能是**相同**的?"您问，也许甚至对此有点恼火。

(不那么)随机的数

随机数并不是完全随机的……它们实际上是**伪随机的**。这意味着，Numpy 的数值生成器会输出**看起来像是随机的序列**。但事实并非如此。

这种行为的**好处**是可以告诉生成器**启动一个特定的伪随机数序列**。在某种程度上，它就像我们告诉生成器："请生成第 42 号序列"，它会输出一串数的序列。第 42 这个数，就像序列的索引一样，被称为**种子**。每次给它**相同的种子**时，它都会生成**相同的数**。

这意味着我们拥有**两全其美**的方法：一方面，确实**生成**了一个序列，无论出于何种目的，这些数都被**认为是随机**的；另一方面，**有能力复制任何给定的序列**。我要强调的是，这对于**调试**来说是非常的方便。

此外，您可以保证**其他人能够再现您的结果**。想象一下，每次运行本书中的代码并得到不同的输出是多么的烦人，让人不得不怀疑它是否有什么问题……但是既然我已经设置了一个种子，您和我就可以实现相同的输出，即使它涉及生成随机的数据。

接下来，将生成的数据**拆分**为**训练**集和**验证**集。打乱索引数组，并使用前 80 个打乱的点进行训练。

> "为什么要对随机产生的数据点进行**打乱**？难道它们的随机性还不够吗？"

是的，它们**是**足够随机的，在这个例子中，对它们进行打乱确实是多余的。但最好的做法是，在训练模型之前**总是**对数据点进行**打乱**，以提高梯度下降的性能。

> 不过，"总是打乱"的规则有一个**例外：时间序列**问题，打乱会导致数据泄露。在后面介绍循环神经网络的时候，会再讨论这个问题。

▶▶ 训练-验证-测试拆分

解释**训练-验证-测试拆分**背后的原因超出了本书的范围，但有两点我要说明一下：

1）拆分应该是您永远要做的第一件事——没有预处理，没有转换；在拆分之前什么都没有发生——这就是在合成数据生成后立即执行此操作的原因。

2）在本章，将只使用训练集，所以我没有费心创建测试集，但还是进行了拆分，用以突显第 1）点。

训练-验证拆分：

```
#打乱索引
idx = np.arange(N)
np.random.shuffle(idx)

#使用前80个索引进行训练
train_idx = idx[:int(N * .8)]
#使用剩余的索引进行验证
val_idx = idx[int(N * .8):]

#生成训练集和验证集
x_train, y_train = x[train_idx], y[train_idx]
x_val, y_val = x[val_idx], y[val_idx]
```

> "您为什么不使用 Scikit-Learn 的 train_test_split？"您可能会问……

这是一个很好的观点。接下来就是参考属于训练集或验证集的**数据点的索引**，而不是数据点本身。所以，我从一开始就已考虑使用它们了(如图 0.1 所示)。

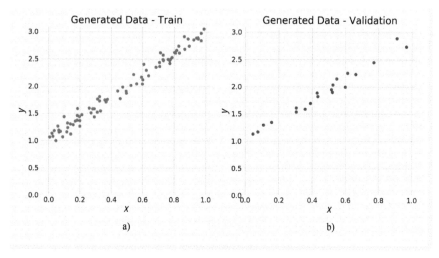

● 图 0.1　生成数据：训练集和验证集

a)训练集　b)验证集

我们**知道** $b=1$、$w=2$，但现在看看通过使用**梯度下降**和**训练集**中的 80 个点(对于训练，$N=80$)，能有**多接近**真实值。

 第 0 步——随机初始化

在我们的例子中已经**知道**了**参数**的**真实值**，但这显然永远不会发生在现实生活中——如果知道真实值，为什么还要费力地训练一个模型来寻找它们呢？

假设**永远不知道**参数的**真实值**，则需要为它们设置**初始值**。如何选择它们？事实证明：**随机猜测**与其他猜测一样好。

 尽管初始化是**随机的**，但在训练更复杂的模型时，应该使用一些巧妙的**初始化方案**。我们将在以后再来讨论这些问题。

为了训练模型，您需要**随机初始化参数/权重**(只有两个，b 和 w)。

随机初始化：

```
#第 0 步:随机初始化参数 b 和 w
np.random.seed(42)
b = np.random.randn(1)
w = np.random.randn(1)

print(b, w)
```

输出：

```
[0.49671415] [-0.1382643]
```

第 1 步——计算模型的预测

这是**前向传递**——它只是使用参数/权重的当前值计算模型的预测。在一开始，将产生**非常糟糕的预测**，因为从**第 0 步开始使用了随机值**(如图 0.2 所示)。

第 1 步：

```
#第1步:计算模型的预测输出——前向传递
yhat = b + w * x_train
```

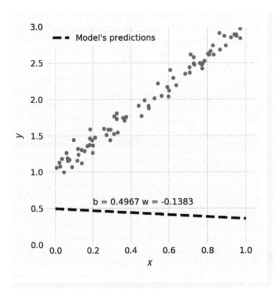

● 图 0.2　模型的预测(带随机值)

第 2 步——计算损失

误差和**损失**之间存在细微且本质的区别。

误差是**实际值(标签)**与为单个数据点计算的**预测值**之间的差异。因此，对于给定的第 i 个点(来自 N 点的数据集)，它的误差是：

$$误差_i = \hat{y}_i - y_i$$

式 0.2-误差

数据集中**第一个点**($i=0$) 的误差如图 0.3 所示。

另外，**损失**是**一组数据点的某种误差聚合**。

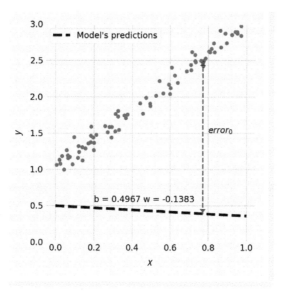

● 图 0.3 预测误差(某个数据点)

计算**所有**(N 个)数据点的损失似乎相当明确,对吧? 嗯,是的,但也可以说不是。虽然它肯定会产生一个从初始**随机参数**到使**损失最小化**的参数的**更稳定的路径**,但它也肯定会**很慢**。

这意味着为了速度需要牺牲(一点)稳定性。这很容易通过在每次计算损失时从 N 个数据点中随机选择(无须替换)n 个子集来实现。

批量、小批量和随机梯度下降:
- 如果使用训练集中的**所有点**($n=N$)来计算损失,则正在执行的是**批量**梯度下降。
- 如果每次都使用**一个点**($n=1$),则这将是一个**随机**梯度下降。
- **介于 1 和 N 之间**的任何其他值(n)都属于**小批量**梯度下降。

对于回归问题,**损失由均方误差(MSE)**给出,即所有误差平方的平均值,也就是**标签** y 和**预测**($b+wx$)之间的所有平方差的平均值。

$$\text{MSE} = \frac{1}{n}\sum_{i=1}^{n} \text{误差}_i^2 = \frac{1}{n}\sum_{i=1}^{n} (\hat{y}_i - y_i)^2 = \frac{1}{n}\sum_{i=1}^{n} (b + wx_i - y_i)^2$$

式 0.3-损失:均方误差(MSE)

在下面的代码中,使用训练集中的**所有数据点**来计算损失,所以 $n=N=80$,这意味着执行的是**批量梯度下降**。

第 2 步:

```
#第 2 步:计算损失
#正在使用所有的数据点,所以这是批量梯度下降
#该模型有多大的错误? 那就是误差
```

```
error = (yhat - y_train)

#这是一个回归,所以它计算均方误差(MSE)
loss = (error ** 2).mean()
print(loss)
```

输出：

```
2.7421577700550976
```

 损失面

刚刚计算了与**随机初始化参数**($b=0.49$ 和 $w=-0.13$)相对应的**损失**(2.74)。如果对 b 和 w 的**所有**可能值都做同样的处理，结果会怎么样？好吧，不是所有可能的值，而是给定范围内均匀等间隔的所有组合，例如：

```
#提醒
# true_b = 1
# true_w = 2

#需要将这些范围分成 100 个等距间隔
b_range = np.linspace(true_b - 3, true_b + 3, 101)
w_range = np.linspace(true_w - 3, true_w + 3, 101)
#meshgrid 是一个方便的函数
#可以为所有组合生成一组 b 和 w 值的网格
bs, ws = np.meshgrid(b_range, w_range)
bs.shape, ws.shape
```

输出：

```
((101, 101), (101, 101))
```

meshgrid 运算的结果是两个(101，101)矩阵，表示网格内每个参数的值。这些矩阵中的一个看起来像什么？

```
bs
```

输出：

```
array([[-2. , -1.94, -1.88, ..., 3.88, 3.94, 4. ],
       [-2. , -1.94, -1.88, ..., 3.88, 3.94, 4. ],
       [-2. , -1.94, -1.88, ..., 3.88, 3.94, 4. ],
       ...
       [-2. , -1.94, -1.88, ..., 3.88, 3.94, 4. ],
       [-2. , -1.94, -1.88, ..., 3.88, 3.94, 4. ],
       [-2. , -1.94, -1.88, ..., 3.88, 3.94, 4. ]])
```

当然，在这里有点作弊嫌疑，因为我们*知道* b 和 w 的**真实**值，所以可以选择参数的**完美范围**，但这仅用于教学目的。

接下来，使用这些值来计算相应的**预测**、**误差**和**损失**。从训练集中提取**单个数据点**，并计算网

格中每个组合的预测：

```
dummy_x = x_train[0]
dummy_yhat = bs + ws * dummy_x
dummy_yhat.shape
```

输出：

```
(101, 101)
```

由于其广播能力，Numpy 能够理解我们想要将**相同的** x **值**乘以 **ws 矩阵**中的**每一项**。此操作产生了针对该**单个数据点**的**预测网格**。现在对训练集中的 **80 个数据点中的每一个**都执行此操作。

可以使用 Numpy 的 apply_along_axis 来完成：

看呀，没有产生循环。

```
all_predictions = np.apply_along_axis(
    func1d=lambda x: bs + ws * x,
    axis=1,
    arr=x_train
)
all_predictions.shape
```

输出：

```
(80, 101, 101)
```

得到了 **80 个**形状为（101，101）的**矩阵**，**每个数据点一个矩阵**，每个矩阵包含一个**预测网格**。

误差是预测和标签之间的差异，但不能立即执行此操作——还需要对**标签** y 进行一些处理，以便它们具有适当的**形状**（广播虽然很好，但还不够好）：

```
all_labels = y_train.reshape(-1, 1, 1)
all_labels.shape
```

输出：

```
(80, 1, 1)
```

标签原来是 **80 个**形状为**（1，1）的矩阵**——最无实际意义的一种矩阵——但这足以让广播发挥其效果了。现在可以计算**误差**了：

```
all_errors = (all_predictions - all_labels)
all_errors.shape
```

输出：

```
(80, 101, 101)
```

每个预测都有自己的误差，所以得到了 **80 个**形状为（101，101）的**矩阵**。同样，每个数据点一个矩阵，每个矩阵包含一个**误差网格**。

唯一缺少的步骤是计算**均方误差**。首先，取所有误差的平方，然后**平均所有数据点的平方**。由于这些数据点位于**第一维度**，所以使用 axis = 0 来计算这个平均值：

```
all_losses = (all_errors ** 2).mean(axis=0)
all_losses.shape
```

输出：

```
(101, 101)
```

结果是一个**损失网格**，一个形状为(101, 101)的矩阵，**每个损失**对应于**参数** b **和** w **的不同组合**。

这些损失就是**损失面**，可以在 3D 图中可视化，其中垂直轴(z)表示损失值(如图 0.4 左图所示)。如果**连接**产生**相同损失值**的 b 和 w 的组合，将得到一个**椭圆**。然后，可以在原始的 $b×w$ 平面上绘制该椭圆(蓝色，损失值为 3)。简而言之，这就是**等高线图**的作用。从现在开始，将始终使用等高线图(如图 0.4 右图所示)，而不是相应的 3D 版本。

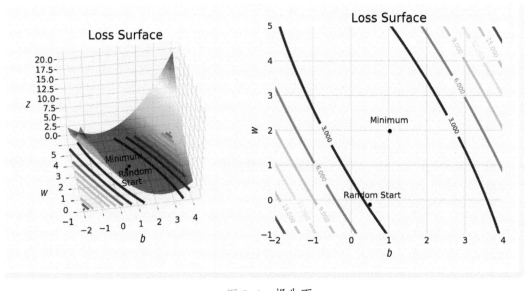

●图 0.4　损失面

在图 0.4 右图的中心位置，参数(b,w)的值接近(1,2)，损失处于**最小值**。这是试图使用梯度下降要达到的点。

在图 0.4 右图底部稍微向左一点是**随机起点**，对应于随机初始化的参数。

这是解决一个简单问题(如具有单一特征的线性回归)的好处之一：只有**两个参数**，因此**可以计算和可视化损失面**。

> 对于绝大多数问题，**计算损失面是不可行的**：必须依靠梯度下降的能力来达到一个最小值，即使它开始于某个随机点。

▶▶ 横截面

另一个好处是，如果其他参数保持不变，可以在损失面上切割一个横截面来检查损失是什么样的。

从 $b=0.52$ 开始（b_range 中最接近 b 的初始随机数为 0.4967）——在损失面（图 0.5 的左图）上垂直切割一个横截面（红色虚线），得到图 0.5 的右图。

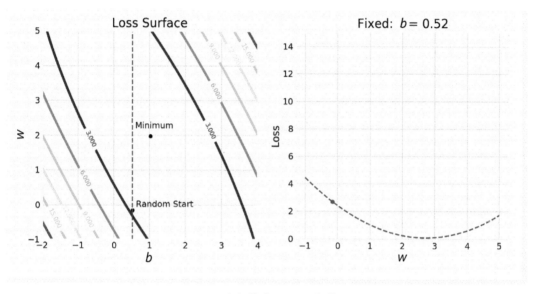

● 图 0.5　垂直横截面——参数 b 固定

这个横截面告诉我们什么？它告诉我们，**如果保持 b 恒定**（在 0.52 处），从**参数 w 的角度来看**，如果 w **增加**（达到 2~3 之间的某个值），则**损失**可以最小化。

当然，**不同的 b 值会产生不同的 w 横截面损失曲线**。这些曲线将取决于**损失面的形状**（稍后会在"**学习率**"部分中详细介绍）。

另一个横截面呢？现在水平切割它，使 $w=-0.16$（w_range 中最接近 w 的初始随机数为 -0.1382），结果如图 0.6 的右图所示。

现在，**如果保持 w 恒定**（在 -0.16 处），从**参数 b 的角度来看**，如果 b **增加**（达到接近 2 的某个值），则**损失**可以最小化。

ℹ️　　一般来说，该横截面的目的是在保持其他所有参数不变的情况下，获得**更改单个参数对损失的影响**。简而言之，这是一个**梯度**。

❓　　现在有一个问题要问您：当修改变化的参数时，红色（w 变化，b 不变）或黑色（b 变化，w 不变）两条虚曲线中，**哪一条**产生的**损失变化最大**？

答案将在下一节揭晓。

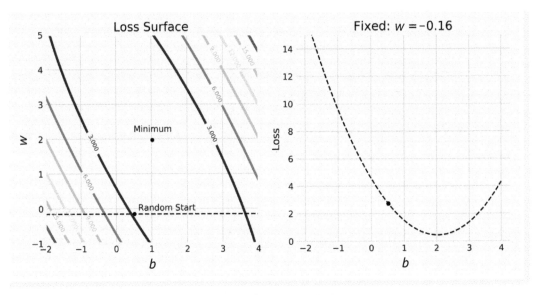

● 图 0.6　水平横截面——参数 w 固定

第 3 步——计算梯度

梯度就是**偏导数**——为什么是**偏导数**? 因为人们是基于**单个参数**来计算它的。我们有两个参数, b 和 w, 所以需计算两个偏导数。

在**导数**中, 当稍微改变一些<u>其他量</u>时, **一个给定量**会发生多少变化。在我们的例子中, 当分别改变**两个参数中的每一个**时, **MSE 损失**会有多大变化?

 梯度 = 如果**一个参数**稍有变化, **损失**会发生**多少变化**。

式 0.4 的**最右边**部分是在简单线性回归的梯度下降实现中经常能够看到的。在**中间项**中, 我向您展示了应用链式法则[34]时使用的**所有元素**, 因此您知道最终表达式是如何形成的。

$$\frac{\partial \text{MSE}}{\partial b} = \frac{\partial \text{MSE}}{\partial \hat{y}_i} \times \frac{\partial \hat{y}_i}{\partial b} = \frac{1}{n} \sum_{i=1}^{n} 2(b + w x_i - y_i) = 2 \frac{1}{n} \sum_{i=1}^{n} (\hat{y}_i - y_i)$$

$$\frac{\partial \text{MSE}}{\partial w} = \frac{\partial \text{MSE}}{\partial \hat{y}_i} \times \frac{\partial \hat{y}_i}{\partial w} = \frac{1}{n} \sum_{i=1}^{n} 2(b + w x_i - y_i) x_i = 2 \frac{1}{n} \sum_{i=1}^{n} x_i(\hat{y}_i - y_i)$$

式 0.4-基于系数 b 和 w 的使用 n 点计算梯度

需要说明的是: 我们将始终**使用在第 2 步开始时**计算的"常规"误差。损失面肯定是令人眼花缭乱的, 但是, 正如我之前提到的, 它仅用于教学目的。

第 3 步:

```
#第3步:计算参数b和w的梯度
b_grad = 2 × error.mean()
w_grad = 2 × (x_train × error).mean()
print(b_grad, w_grad)
```

输出:

```
-3.044811379650508 -1.8337537171510832
```

▶▶·可视化梯度

由于 b **的梯度**(绝对值为 3.04)**大于** w 的梯度(绝对值为 1.83),我在"**横截面**"部分向您提出的问题的答案是:**黑色**曲线(b 变化, w 不变)产生的损失变化最大。

 "这是为什么?"

为了回答这个问题,首先将两个横截面并排放置(如图 0.7 所示),这样就可以更容易地比较它们。那么,它们之间的**主要区别**是什么?

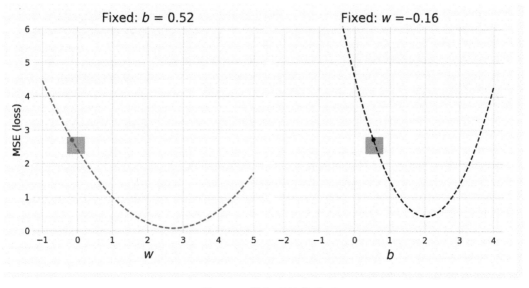

● 图 0.7　损失面的横截面

图 0.7 中右边的曲线**更陡峭**。这就是您需要的答案,**更陡峭的曲线**说明具有**更大的梯度**。

下面看看更多的几何图形。因此,我**放大**了图 0.7 中红色和黑色方块的区域。

由"**横截面**"部分,我们已经知道,要最小化损失需要**增加** b 和 w。所以,保持使用渐变的经验,**稍微**增加每个参数(始终保持另一个不变)。顺便说一句,在这个例子中,稍微等于 0.12(为了方便起见,并且这样能够得到一个更好的图形)。

这些增加对损失有什么影响？下面来看看图 0.8。

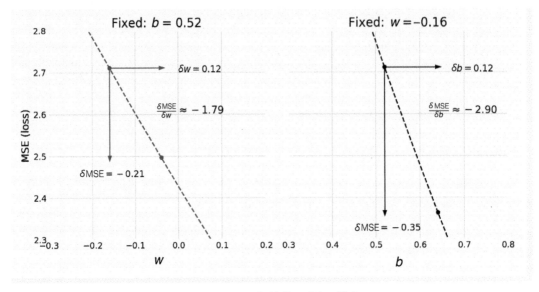

● 图 0.8　几何计算（近似）梯度

在图 0.8 的左图中，将 w 增加 **0.12** 会导致**损失减少 0.21**。几何计算的大致近似梯度是由这两个值的比率给出：-1.79。这个结果与梯度的实际值（-1.83）相比如何？对于一个粗略的近似来说，这其实并不坏……还会更精确吗？当然。如果**让 w 的增加量越来越小**（如 0.01，而不是 0.12），会得到**越来越精确**的近似值。在极限情况下，随着**增加量接近 0**，将会得到**梯度的精确值**。这就是导数的定义。

同样的推理也适用于图 0.8 的右图：将 b **增加相同的 0.12** 会产生**更大的损失减少 0.35**。损失减少越大，比率越大，梯度越大——误差也越大，因为几何近似值（-2.90）离实际值（-3.04）越远。

是时候问另一个问题了：**为减少损失**，您最喜欢**哪条曲线**，红色还是黑色？应该是**黑色**，对吧。但这并不像我们希望的那样简单，我们将在"**学习率**"部分对此进行深入研究。

▶▶ 反向传播

现在您已经了解了基于**每个参数梯度**在使用**链式法则**下，计算损失函数的方法，那么让我向您展示维基百科是如何描述**反向传播**的：

> 反向传播算法的工作原理是：通过**链式法则**，**基于每个权重计算损失函数的梯度**，它从最后一层反向迭代，每次计算一层梯度，从而避免链式法则中，中间项的冗余计算。
>
> ……
>
> 反向传播一词严格来说仅指计算梯度的算法，而不是梯度的使用方式；但该术语通常用于泛指整个学习算法，包括如何使用梯度，如随机梯度下降。

是不是似曾相识？就是这样：**反向传播**只不过是**"链式"梯度下降**。简而言之，这就是神经网络的训练方式：它使用反向传播(从**最后一层**开始向前推移)更新所有层的权重。

在我们的例子中，只有**一个层**，甚至是**一个神经元**，所以不需要反向传播任何东西(第 1 章将对此进行详细介绍)。

 ## 第 4 步——更新参数

在最后一步，**使用梯度来更新**参数。由于我们试图将损失降到**最低**，因此**反转**梯度**符号**用来进行更新。

还有另一个(超)参数需要考虑：**学习率**，用希腊字母 η(看起来像字母 n)表示，它是应用于参数更新梯度的**乘法因子**。

$$b = b - \eta \frac{\partial \text{MSE}}{\partial b}$$

$$w = w - \eta \frac{\partial \text{MSE}}{\partial w}$$

式 0.5-使用计算得到的梯度和学习率更新系数 b 和 w

也可以有点不同的解释：**每个参数**的值都将通过一个**常数值** η(学习率)**更新**，但这个常数将**根据该参数对最小化损失的贡献程度来加权**(即梯度)。

我相信这种对参数更新的思考方式更有意义。首先，您决定一个指定**步幅**的学习率，而梯度告诉您对每个参数采取的步数的(对损失)**相对影响**。然后采取与该**相对影响**成**正比**的给定数值的**步数**：**影响越大，步数越多**。

 "如何选择学习率？"

这本身就是一个主题，也超出了本节的知识范围。我们稍后再谈……

在我们的示例中，从值为 0.1 的学习率开始(就学习率而言，这是一个相对较大的值)。

第 4 步：

```
#设置学习率
lr = 0.1
print(b, w)

#第 4 步:使用梯度和学习率更新参数
b = b - lr * b_grad
w = w - lr * w_grad

print(b, w)
```

输出：

```
[0.49671415] [-0.1382643]
[0.80119529] [0.04511107]
```

一次更新对模型有什么影响？直观地检查它的预测(如图 0.9 所示)。

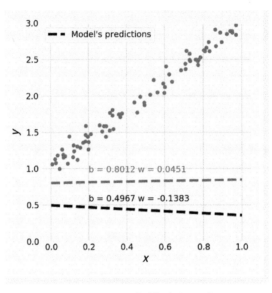

● 图 0.9　更新模型的预测

看起来好多了，至少它开始指向正确的方向了。

 学习率

学习率是最重要的超参数——关于如何选择学习率、如何在训练过程中修改学习率，以及错误的学习率是如何完全地破坏模型训练等这些问题，有大量的资料予以介绍。

也许您已经看过这张著名的图形[35]（来自斯坦福的 CS231n 课程），它显示了**太大**或**太小**的学习率如何影响训练期间的**损失**。大多数人会在某个时间点看到(或已经看到)。这几乎是常识，但我认为需要对其进行**彻底地解释和直观地演示**才能真正理解。那么，让我们开始吧。

我给您讲一个小故事(在这里试着打个比方，请耐心听我说)：想象一下，您从山里徒步回来，想尽快回家。在您的路线上的某个地点可以选择继续前进或**右转**。

前进的路几乎是*平坦的*，而您右边的路有点陡峭(**陡度**就是**梯度**)。如果您朝一个方向或另一个方向迈出一步，就会导致不同的结果(如果您向右而不是向前迈出一步，您会下降更多)。

但是，事情是这样的：您知道右边的路会让您**更快**回家，所以您不会只走一步，而是朝那个方向**多走几步：路越陡，您走的步就越多**。记住，"**影响越大，步数越多**"。您就是忍不住要多走那么几步，您的行为似乎完全由环境决定。这个比喻越来越奇怪……

但是，您仍然有**一个选择**：可以**调整步幅**。您可以选择采取任何大小的步幅，从小步到大步，这就是您的**学习率**。

这个小故事给我们带来了什么……简而言之，就是您的行动方式：

更新的位置 = 以前的位置 + 步幅 × 步数

现在，把它与对参数所做的事情进行比较：

更新值 = 上一个值 − 学习率 × 梯度

您明白了，对吧？因为这个类比现在完全不成立了……此时，在向一个方向移动之后（如**右转**），您必须停下来向**另一个方向**移动（只是一小步，因为路径几乎是平坦的）。我认为没有人曾经在这样一个正交的"之"字形路径上徒步旅行回来……

无论如何，进一步探索是您**唯一的选择**：您的步幅大小就是**学习率**。

"明智地选择您的学习率。"

小的学习率

从婴儿步开始是有意义的，对吧？这意味着使用**小的学习率**。正如预期的那样，小的学习率是**安全的**。如果您在徒步旅行回家时迈出一小步，则您更有可能安全无恙地到达目的地——但这会花费**很多时间**。训练模型也是如此：小的学习率**最终**可能会让您达到（某个）最低点。不过时间就是金钱，尤其是当您在云中为 GPU 时间付费时。因此，有动力去尝试**更大的学习率**。

这种推理如何适用于我们的模型？通过计算（几何）梯度，知道需要采取给定数量的**步数**：分别为 **1.79**（参数 w）和 **2.90**（参数 b）。将**步幅**设置为 **0.2**（小的），这意味着为 w **移动 0.36**，为 b **移动 0.58**。

> **重要提示**：在现实生活中，0.2 的学习率通常被认为是很大的——但在这个非常简单的线性回归示例中，它仍然被认为是小的。

这种行为会引向何方？正如您在图 0.10 中所看到的那样 [如原始点（带箭头的点）右侧的**新点**所示]，在这两种情况下，这种行为都将更接近最小值——在右侧更接近最小值，因为曲线**更陡**。

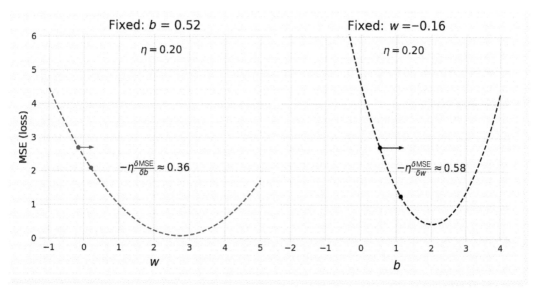

● 图 0.10　使用小的学习率

大的学习率

如果使用**大**的学习率，如 **0.8 的步幅**，会发生什么？正如图 0.11 所示的那样，真的开始**遇到麻烦了**。

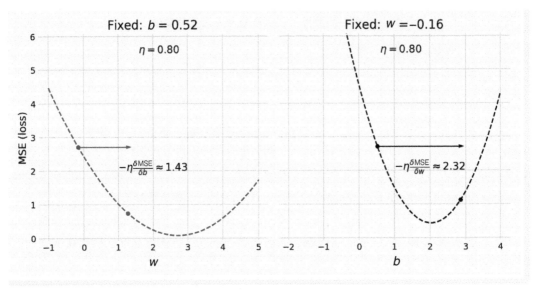

Fixed: $b = 0.52$　　　　　　　Fixed: $w = -0.16$
$\eta = 0.80$　　　　　　　　　$\eta = 0.80$

$-\eta\frac{\delta MSE}{\delta b} \approx 1.43$　　　$-\eta\frac{\delta MSE}{\delta w} \approx 2.32$

● 图 0.11　使用大的学习率

尽管图 0.11 的左图一切正常，但其右图展示了一个完全不同的画面：其**最终走到了曲线的另一边**。这可不好——这样**来回**走动会交替撞击曲线的两侧。

"嗯，即便如此，我可能**还是**达到了最低限度，为什么会这么糟糕？"

在这个简单示例中，您最终会达到最小值，因为**该曲线优美而圆润**。

但是，在实际问题中，"曲线"具有一些非常**奇怪的形状**（允许出现**奇怪的结果**，例如来回移动而**从不接近最小值**）。

在我们的类比中，"您**移动得如此之快**，以至于您**跌倒**并撞到了**山谷的另一边**，然后像乒乓球一样继续向下"。难以置信，我想您绝对不希望那样……

非常大的学习率

它可能会变得更糟——使用一个非常大的学习率，如 1.1 的步幅。

"他的选择……很糟糕。"

这个选择**很**糟糕。在图 0.12 的右图中，不仅再次到达了曲线的另一边，而且实际上**爬得更高**。这意味着**损失增加了**，而不是减少了。这怎么可能呢？您下坡的速度如此之快，以至于您最终又爬了上去？因此，这个类比不再有用了，需要以不同的方式考虑这个特殊情况……

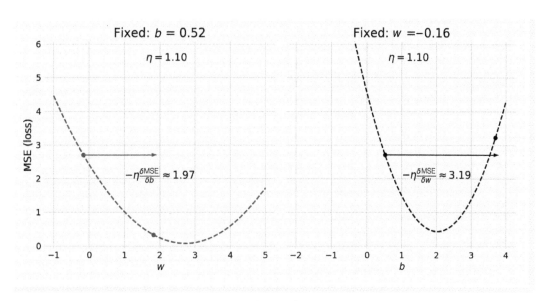

● 图 0.12 使用非常大的学习率

首先，请注意图 0.12 的左图一切正常。非常大的学习率并没有引起任何问题，因为其左边的曲线没有右边的那么**陡峭**。换句话说，左边的曲线比右边的曲线**可以采用更大的学习率**。

您可以从中学到什么？

对于**学习率**来说，**太大**是一个相对概念：它取决于曲线**有多陡**，或者换句话说，它取决于**梯度有多大**。

确实有许多曲线、**许多梯度**：每个参数一个。但是**只有一个学习率**可供选择。

这意味着**学习率的大小受到最陡曲线的限制**。其他所有曲线都必须效仿，也就是说，考虑到它们的形状，将使用次优的学习率。

合理的结论是：**最好**是所有的**曲线都同样陡峭**，这样所有曲线的**学习率**都更接近最优。

"坏"特征

如何实现同样陡峭的曲线？首先，看一个稍作修改的示例，我称之为"坏"数据集：

● 将**特征** x **乘以 10**，所以它现在是在 $[0, 10]$ 范围内，并将其重命名为 bad_x。

● 但由于**我不想更改标签** y，**将原始 true_w 参数除以 10**，并将其重命名为 bad_w。这样，bad_w × bad_x 和 $w×x$ 将产生相同的结果。

```
true_b = 1
true_w = 2
N = 100
```

```
#数据生成
np.random.seed(42)

#将 w 除以 10
bad_w = true_w / 10
#将 x 乘以 10
bad_x = np.random.rand(N, 1) * 10

#所以,对 y 的纯影响为 0
#它仍然和以前一样
y = true_b + bad_w * bad_x + (.1 * np.random.randn(N, 1))
```

然后，我对原始数据集和坏数据集执行与以前相同的拆分，且并排绘制训练集（如图 0.13 所示），代码如下所示：

```
#生成训练集和验证集
#它使用与之前相同的 train_idx 和 val_idx,
#但它适用于 bad_x
bad_x_train, y_train = bad_x[train_idx], y[train_idx]
bad_x_val, y_val = bad_x[val_idx], y[val_idx]
```

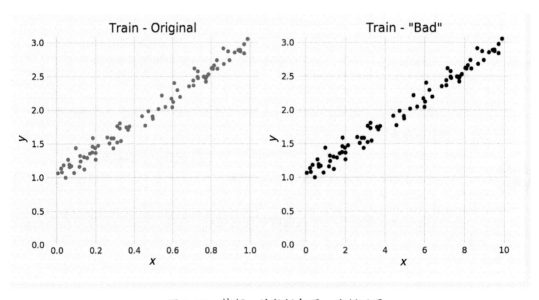

● 图 0.13 特征 x 的数据相同，比例不同

两个图形之间**唯一**的区别是**特征 x 的比例**。它原来的范围是 [0, 1]，而现在是 [0, 10]。标签 y 没有改变，我也用 true_b。

这种简单的**缩放**对梯度下降有什么有意义的影响吗？如果没有，我不会这么问。计算一个新的损失面，并与之前的**损失面**进行比较，如图 0.14 所示。

看图 0.14 的**等高线值**：深蓝色的线是 3，而现在是 50。对于相同范围的参数值，**损失值要大得多**。

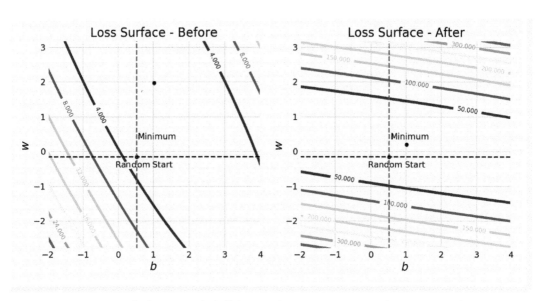

● 图 0.14 损失面——缩放特征 x 之前和之后的比较 (观察：左图看起来与图 0.6 有点不同，因为它以"之后"最小值为中心)

看看将特征 x 乘以 10 之前和之后的横截面，如图 0.15 所示。

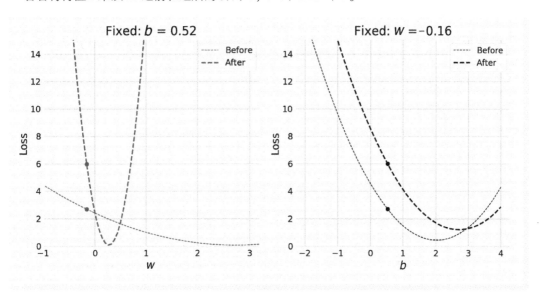

● 图 0.15 比较横截面：之前和之后

这里发生了什么？**红色曲线**变得**更加陡峭**(梯度更大)，因此必须使用**更小的学习率**来安全地沿着曲线下降。

更重要的是，红色曲线和黑色曲线之间的**陡度差异增加了**。

这正是**需要避免的**。

您还记得为什么吗？因为**学习率的大小受到最陡曲线的限制**。

该如何解决？把它放大了 10 倍，把它毁了……也许可以用不同的方式让它变得更好。

缩放/标准化/归一化

缩放/标准化/归一化有什么不同？有一个叫作 StandardScaler 的美丽东西，它可以以最终结果为**零均值和单位标准差**的方式转换特征。

它是如何做到这一点的？首先，它使用训练集(N 个点)计算给定**特征** x 的均值和标准差：

$$\overline{X} = \frac{1}{N} \sum_{i=1}^{N} x_i$$

$$\sigma(X) = \sqrt{\frac{1}{N} \sum_{i=1}^{N} (x_i - \overline{X})^2}$$

式 0.6-计算均值和标准差

然后使用这两个值来**缩放**特征：

$$缩放\ x_i = \frac{x_i - \overline{X}}{\sigma(X)}$$

式 0.7-标准化

如果要重新计算缩放特征的均值和标准差，将分别得到 0 和 1。这个预处理步骤通常被称为归一化。尽管从技术上讲，它应该被称为标准化。

零均值和单位标准差

先从**单位标准差**开始，即缩放特征值，使其**标准差**等于 **1**。这是最**重要的预处理步骤**之一，不仅是为了提高**梯度下降**的性能，而且对其他技术[如**主成分分析(PCA)**]也是如此。这样做的**目标**是使**所有数值特征**具有**相似的比例**，因此结果不受每个特征原**范围**的影响。

想想模型中的两个共同特征：**年龄**和**薪水**。虽然年龄通常在 0 ~ 110 岁之间变化，但薪水可以从几百(如 500)到几千(如 9000)不等。如果计算相应的标准差，可能会分别得到 25 和 2000 这样的值。因此，我们需要对这两个特征进行**标准化**，以使它们处于**平等地位**。

然后是**零均值**，即**以 0 为中心**的特征。**更深层的神经网络**可能会遭受一种非常严重的情况，称为**梯度消失**。由于梯度被用来更新参数，所以越来越小的(即消失的)梯度意味着越来越小的更新，直到停顿点：网络只好停止学习。帮助网络对抗这种情况的一种方法是将其**输入**(即特征)**集中**在**零**处。稍后会在激活函数部分再讨论这个。

重要提示：像 StandardScaler 这样的预处理步骤，**必须**在训练→验证→测试拆分**之后**执行；否则，您将把验证集和/或测试集的信息**泄露**给模型。

在**仅使用训练集**来拟合 StandardScaler 之后，应该使用其 transform 方法将预处理步骤应用于**所有数据集**：训练、验证和测试。

下面的代码将会很好地说明这一点。

```
scaler = StandardScaler(with_mean=True, with_std=True)
#仅使用训练集来拟合缩放
scaler.fit(x_train)

#现在可以使用已经拟合的缩放来转换训练集和验证集
scaled_x_train = scaler.transform(x_train)
scaled_x_val = scaler.transform(x_val)
```

请注意，**没有**重新生成数据——使用**原始特征** x 作为 StandardScaler 的输入，并将其转换为**缩放后的** x。标签 y 保持不变。

把原始、"坏"和缩放这三个数据并排绘制（如图 0.16 所示），以说明其中的差别。

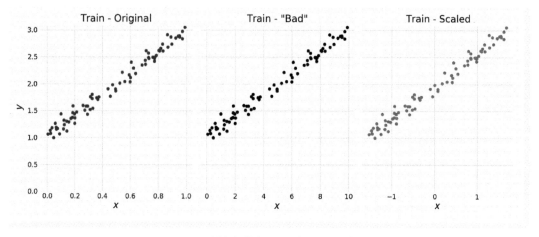

● 图 0.16　同样的数据，三个不同尺度的特征 x

再次，图形之间**唯一**的区别是**特征** x **的比例**。特征 x 原来的范围是 [0，1]，然后将其转换为 [0，10]，现在 StandardScaler 将其转换为 [−1.5，1.5]。

是时候检查**损失面**了。为了说明差异，我将它们三个并排绘制，如图 0.17 所示。

很漂亮，不是吗？**碗状**的教科书般的定义。

实际上，这是人们所希望的**最好的表面**：**横截面同样陡峭**，其中一个横截面的良好学习率对另一个也有好处。

当然，在现实世界中，您永远不会得到这样"*漂亮的碗*"。但结论仍然成立：

1）始终标准化（缩放）您的特征。

2）永远不要忘记第一条。

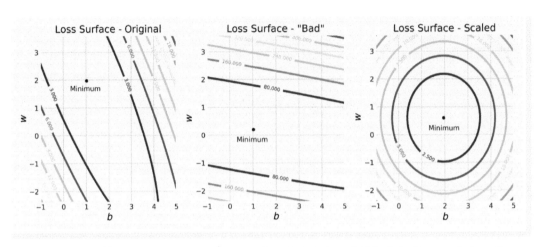

- 图 0.17　特征 x 不同比例的损失面(观察：左图和中间图看起来与图 0.14 有点不同，因为它们以"缩放"最小值为中心)

第 5 步——循环往复

现在，使用**更新后的参数**返回**第 1 步**，并重启该过程。

> **i** 时期(Epoch)的定义
> **只要训练集(N)中的每个点都已用于所有步骤：前向传递、计算损失、计算梯度和更新参数，则一个周期就完成了。**

在**一个周期**内，需至少执行**一次更新**，但不超过 N 次更新。

更新次数(N/n)将取决于所使用的梯度下降类型：

- 对于**批量**($n=N$)梯度下降，这很简单，因为它使用所有点来计算损失——**一个周期**与**一个更新**相同。
- 对于**随机**($n=1$)梯度下降，**一个周期**意味着 N **次更新**，因为每个单独的数据点都用于执行更新。
- 对于**小批量**(大小为 n)梯度下降，因为 n 个数据点的小批量用于执行更新，所以**一个周期**有 N/n **次更新**。

简而言之，在**多个周期**中一遍又一遍地重复这个过程就是**训练**一个模型。

如果将其运行超过 **1000 个周期**会发生什么?

在第 1 章，把所有步骤放在一起，并运行 1000 个周期，因此将得到图 0.18 中所描述的参数 $b=1.0235$ 和 $w=1.9690$。

> **?** "为什么是 1000 个周期?"

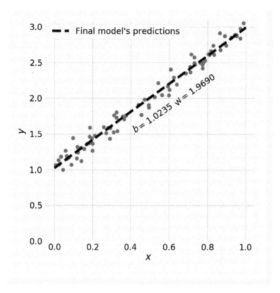

● 图 0.18 最终模型的预测

没有什么特别的原因，但这是一个相当简单的模型，我们有能力在大量的周期上运行它。但是，在更复杂的模型中，几十个周期可能就足够了。我们将在第 1 章中对此进行更多的讨论。

▶▶ 梯度下降的路径

在第 3 步中，已经看到了**损失面**以及随机起点和最小点。

梯度下降从**随机开始**到**最小值**将采取哪条**路径**呢？这需要**多长时间**？真的会**达到最小值**吗？所有这些问题的答案取决于很多因素，如学习率、损失面的形状，以及用来计算损失的**点数**。

根据是使用**批量**、**小批量**，还是**随机**梯度下降，路径或多或少会很**平滑**，并且可能在或长或短的**时间**内达到最小值。

为了说明这些差异，我使用 80 个数据点(批量)、16 个数据点(小批量)或单个数据点(随机)来计算损失，生成了超过 100 个**周期**的路径，如图 0.19 所示。

可以看到，在**第一个周期**结束时，生成的参数彼此间相差很大。根据批量大小，这是**一个周期**内发生**更新次数**的直接结果。在我们的示例中，对于 100 个周期：

- 80 个数据点(批量)：1 次更新/周期，总计 **100 次更新**。
- 16 个数据点(小批量)：5 次更新/周期，总计 **500 次更新**。
- 1 个数据点(随机)：80 次更新/周期，总计 **8000 次更新**。

因此，对于图 0.19 的中图和右图，**随机开始**和第 1 个周期之间的路径包含**多个**未在图中描绘的**更新**(否则会非常混乱)——这就是连接两个周期的线是**虚线**而不是实线的原因。实际上，每两个周期都会有"**之**"字形的连接线。

这里有两点需要注意：

- **小批量**梯度下降能够**更接近最小点**(使用相同数量的时期)也就不足为奇了，因为它受益于比批量梯度下降更多的更新。

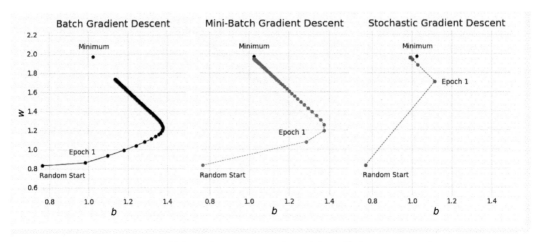

● 图 0.19　梯度下降的路径(观察：随机开始与图 0.4 不同)

- **随机**梯度下降路径有点奇怪：它在第 1 个周期结束时已经非常接近**最小点**了，但随后似乎无法真正达到它。但这是意料之中的，因为它**每次更新**都使用一个数据点，它永远不会稳定，并且永远**徘徊**在**最小点**附近。

显然，这里有一个**权衡**：要么有一个**稳定和平滑**的轨迹，要么**更快地朝着最小值移动**。

 回顾

至此，就结束了对**梯度下降**内部工作原理的旅程。到目前为止，我希望您能够对这个过程中涉及的许多不同方面形成更好的**直觉**。

随着时间的推移，您将在自己的模型中观察到此处描述的行为。确保尝试大量不同的组合：小批量、学习率等。这样，不仅您的模型会学习，您也会。

下面是在本章涉及的所有内容的简短回顾：
- 定义**简单的线性回归模型**。
- 为其生成**合成数据**。
- 对数据集进行**训练-验证拆分**。
- **随机初始化**模型的**参数**。
- 执行**前向传递**，即利用模型进行预测。
- 计算与**预测**相关的**误差**。
- 将误差汇总为**损失**(均方误差)。
- 了解用于计算**损失**的**点数**，定义了正在使用的梯度下降类型：**批量**(全部)、**小批量**或**随机**(1)。
- 可视化**损失面**的示例，并使用其**横截面**来获取各参数的**损失线**。
- 了解**梯度是偏导数**，它表示**如果一个参数稍有变化，损失会发生多大变化**。

- 使用**等式**、**代码**和**几何**来计算模型参数的**梯度**。
- 了解**更大的梯度**对应于**更陡的损失线**。
- 了解**反向传播**只不过是"**链式**"梯度下降。
- 使用**梯度**和**学习率**来**更新参数**。
- 比较使用**小、大和非常大的学习率**对损失的影响。
- 了解所有参数的**损失线**在理想情况下应该**同样陡峭**。
- 可视化使用具有**更大范围的特征**的效果，使相应参数的损失线**更加陡峭**。
- 使用 Scikit Learn 的 StandardScaler 将特征带入一个合理的范围，从而使**损失面更呈碗状**，其横截面也**同样陡峭**。
- 了解应该在**训练–验证拆分后**，应用缩放等**预处理步骤**，以防止**泄漏**。
- 计算执行**所有步骤**(如前向传递、损失、梯度和参数更新等)会形成**一个周期**。
- 可视化多个周期的**梯度下降路径**，并认识到它在很大程度上**取决于**所使用的**梯度下降类型**：批量、小批量或随机。
- 了解到批量梯度下降的稳定和平滑路径与随机梯度下降的快速且有些混乱的路径之间存在一个**权衡**，使得利用**小批量梯度下降**成为这两者之间的**良好折中**。

现在，您已**准备**好将所有内容归纳总结在一起，并**使用 PyTorch 实际训练一个模型了吧**。

扩展阅读

文中提到的阅读资料(网址)请读者按照本书封底的说明方法自行下载。

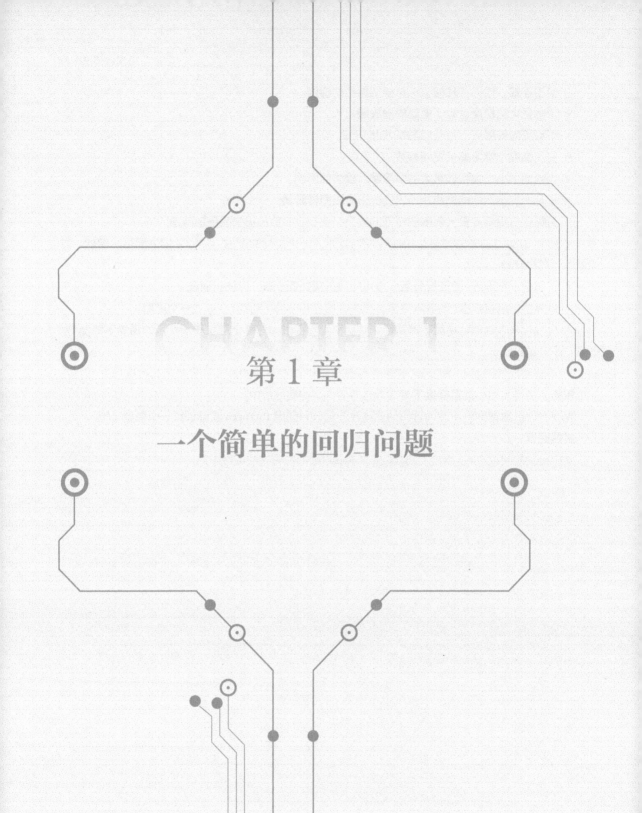

第 1 章

一个简单的回归问题

剧透

在本章，将：

- 简要**回顾**梯度下降的步骤(可选)。
- 使用梯度下降在 **Numpy** 中实现**线性回归**。
- **在 PyTorch 中**创建**张量**。
- 了解 **CPU** 和 **GPU** 张量之间的区别。
- 了解 PyTorch 的主要功能：**Autograd**，用以执行自动微分。
- 可视化**动态计算图**。
- 创建**损失函数**。
- 定义**优化器**。
- 实现**自己的模型类**。
- 使用 PyTorch 的层实现**嵌套**模型和**序列**模型。
- 将代码分为三个部分：**数据准备**、**模型配置**和**模型训练**。

 Jupyter Notebook

与第 1 章[36]相对应的 Jupyter Notebook 是 GitHub 上"**Deep Learning with PyTorch Step-by-Step**"官方资料库的一部分。您也可以直接在**谷歌 Colab**[37]中运行它。

如果您使用的是**本地安装**，请打开您的终端或 Anaconda Prompt，导航到您从 GitHub 复制的 PyTorchStepByStep 文件夹。然后，**激活** pytorchbook 环境并运行 Jupyter Notebook：

```
$ conda activate pytorchbook

(pytorchbook) $ jupyter notebook
```

如果您使用 Jupyter 的默认设置，这个链接(http://localhost：8888/notebooks/Chapter01.ipynb)应该会打开第 1 章的 Notebook。如果没有，只需单击 Jupyter 主页中的 Chapter01.ipynb 按钮即可。

 导入

为了便于组织，在任何一章中使用的所有代码所需的库都在其开始时导入。在本章，需要以下的导入：

```
import numpy as np
from sklearn.linear_model import LinearRegression

import torch
```

```
import torch.optim as optim
import torch.nn as nn
from torchviz import make_dot
```

一个简单的回归问题

大多数教程都是从一些漂亮的图像分类问题开始的，以说明如何使用 PyTorch。这可能看起来会很酷，但我相信它会**分散**您的**主要学习目标**：**PyTorch 是如何工作的**？

出于这个原因，在第一个示例中，我将坚持讲解一个**简单**而**熟悉**的问题：**具有单个特征 x 的线性回归**。没有比这更简单的了……

$$y = b + wx + \epsilon$$

式 1.1-简单线性回归模型

也可以将其视为**最简单的神经网络**：**一个输入**，**一个输出**，**没有**激活函数（即**线性**），如图 1.1 所示。

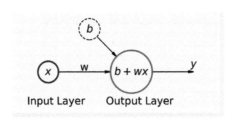

● 图 1.1   神经网络中最简单的模型

如果您已阅读了**第 0 章**，则可以选择跳到"**Numpy 中的线性回归**"部分，或使用**接下来的两个部分**内容作为回顾。

数据生成

开始**生成**一些合成数据：从**特征** x 的 100（N）个点的向量开始，并使用 $b=1$、$w=2$ 和一些**高斯噪声**[38]（ε）创建**标签** y。

 合成数据生成

数据生成：

```
true_b = 1
true_w = 2
N = 100
```

```
#数据生成
np.random.seed(42)
x = np.random.rand(N, 1)
epsilon = (.1 * np.random.randn(N, 1))
y = true_b + true_w * x + epsilon
```

接下来，将生成的数据**拆分**为**训练集**和**验证集**，打乱索引数组，并使用前 80 个打乱的点进行训练(如图 1.2 所示)。

Notebook 单元 1.1-将生成数据集拆分为训练集和验证集，用以进行线性回归

```
#打乱索引
idx = np.arange(N)
np.random.shuffle(idx)

#使用前 80 个索引进行训练
train_idx = idx[:int(N * .8)]
#使用剩余的索引进行验证
val_idx = idx[int(N * .8):]

#生成训练集和验证集
x_train, y_train = x[train_idx], y[train_idx]
x_val, y_val = x[val_idx], y[val_idx]
```

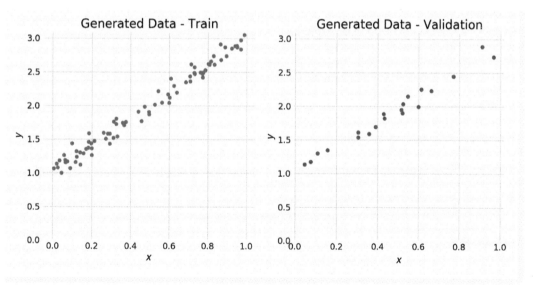

● 图 1.2　生成数据：训练集和验证集

我们**知道** $b=1$、$w=2$，但现在通过使用**梯度下降**和**训练集**中的 80 个点(对于训练，$N=80$)，看看可以**多接近**真实值。

梯度下降

下面我将介绍使用梯度下降和相应的 Numpy 代码，需要经历 5 个基本步骤(不含第 0 步)。

▶▶ 第 0 步——随机初始化

为了训练模型，您需要**随机初始化参数/权重**(只有两个，b 和 w)。

第 0 步：

```
#第 0 步:随机初始化参数 b 和 w
np.random.seed(42)
b = np.random.randn(1)
w = np.random.randn(1)

print(b, w)
```

输出：

```
[0.49671415] [-0.1382643]
```

▶▶ 第 1 步——计算模型的预测

这是**前向传递**——它只是使用参数/权重的当前值计算模型的预测。在一开始，将产生**非常糟糕的预测**，因为**从第 0 步**开始使用的是**随机值**。

第 1 步：

```
#第 1 步:计算模型的预测输出——前向传递
yhat = b + w * x_train
```

▶▶ 第 2 步——计算损失

对于回归问题，**损失**由**均方误差(MSE)**给出，即所有误差平方的平均值，也就是**标签** y 和**预测**$(b+wx)$ 之间的所有差平方的平均值。

在下面的代码中，将使用训练集的**所有数据点**来计算**损失**，所以 $n = N = 80$，这意味着正在执行**批量梯度下降**。

第 2 步：

```
#第 2 步:计算误差
#正在使用所有的数据点,因此这是批量梯度下降
#模型有多大的错误? 那就是误差。
error = (yhat - y_train)

#这是回归,所以计算均方误差(MSE)
```

```
loss = (error ** 2).mean()

print(loss)
```

输出：

```
2.7421577700550976
```

批量、小批量和随机梯度下降
- 如果使用训练集中的**所有点**($n=N$)来计算损失，则正在执行**批量**梯度下降。
- 如果每次都使用**一个点**($n=1$)，则这将是一个**随机**梯度下降。
- **介于 1 和 N 之间**的任何其他值(n)都属于为**小批量**梯度下降。

▶▶ 第 3 步——计算梯度

梯度就是**偏导数**——为什么是**偏导数**？因为人们是**基于单个参数**来计算它的。我们有两个参数，b 和 w，所以必需计算两个偏导数。

在**导数**中，当您稍微改变一些**其他量**时，**一个给定量会发生**多少变化。在我们的例子中，当**分别改变两个参数中的每一个**时，**MSE 损失**会有多大变化？

梯度 = 如果**一个参数稍有**变化，**损失**会发生**多少**变化。

第 3 步：

```
#第 3 步:计算参数 b 和 w 的梯度
b_grad = 2 * error.mean()
w_grad = 2 * (x_train * error).mean()
print(b_grad, w_grad)
```

输出：

```
-3.044811379650508 -1.8337537171510832
```

▶▶ 第 4 步——更新参数

在最后一步，**使用梯度来更新**参数。由于我们试图将**损失降到最低**，因此**反转梯度符号**用来进行更新。

还有另一个(超)参数需要考虑：**学习率**，用希腊字母 η(看起来像字母 n)表示，它是应用于参数更新梯度的**乘法因子**。

"如何**选择**学习率？"这本身就是一个主题，也超出了本节的知识范围。我们稍后再谈……

在我们的示例中，从值为 **0.1** 的学习率开始(就学习率而言，这是一个*相对较大的*值)。

第 4 步：

```
#设置学习率
lr = 0.1
print(b, w)

#第 4 步:使用梯度和学习率更新参数
b = b - lr * b_grad
w = w - lr * w_grad

print(b, w)
```

输出：

```
[0.49671415] [-0.1382643]
[0.80119529] [0.04511107]
```

▶▶ 第 5 步——循环往复

现在，使用**更新后的参数**返回**第 1 步**，并重启该过程。

时期的定义

只要训练集(N)中的每个点都已用于所有步骤：前向传递、计算损失、计算梯度和更新参数，则一个周期就完成了。

在**一个周期**内，需至少执行**一次更新**，但不超过 N 次更新。

更新次数(N/n)将取决于所使用的梯度下降类型：

- 对于**批量**($n=N$)梯度下降，这很简单，因为它使用所有点来计算损失——**一个周期**与**一次更新**相同。
- 对于**随机**($n=1$)梯度下降，**一个周期**意味着 N **次更新**，因为每个单独的数据点都用于执行更新。
- 对于**小批量**(大小为 n)梯度下降，因为 n 个数据点的小批量用于执行更新，所以**一个周期**有 N/n **次更新**。

简而言之，在**多个周期**内一遍又一遍地重复这个过程就是**训练**一个模型。

Numpy 中的线性回归

是时候**仅**使用梯度下降和 Numpy 来实现线性回归模型了。

"等一下……我以为这本书是关于 PyTorch 的！"是的，确实如此。但这有**两个目的**：首先，介绍任务**结构**，它将基本保持不变；其次，向您展示主要的**痛点**，以便您能够充分体会到 PyTorch 可让生活变得多么轻松。

为了训练一个模型，有一个**初始化步骤**(行号参考下面 **Notebook 单元 1. 2** 的代码)：

- 参数/权重的随机初始化(只有两个，b 和 w)——第 3 行和第 4 行。
- 超参数的初始化(在我们的例子中，只有学习率和周期数)——第 9 行和第 11 行。

请确保总是初始化您的随机种子，以确保您的结果的**可重复性**。像往常一样，随机种子是 $42^{[39]}$，这是人们可能选择的所有随机种子中的(**第二个**)**最不随机的一个**[40]。

对于每个周期，有 **4 个训练步骤**(行号参考下面 **Notebook 单元 1. 2** 的代码)：

- 计算模型的预测值(这是**前向传递**)——第 15 行。
- 计算损失，使用预测和标签，以及目前任务的适当**损失函数**——第 20 行和第 22 行。
- 计算每个参数的**梯度**——第 25 行和第 26 行。
- **更新**参数——第 30 行和第 31 行。

目前，仅使用**批量**梯度下降，这意味着，为上述 4 个步骤中的每一个使用**所有数据点**。这也意味着完成所有步骤已经就是**一个周期**了。那么，如果想训练模型超过 1000 个周期，则只需要再添加**一个循环**即可。

在第 2 章中，我们将介绍**小批量**梯度下降，然后将不得不包含第二个内循环。

"需要运行 1000 个周期吗？它不应该在接近最小损失后自动**停止**吗？"

好问题：**不**需要运行 1000 个周期。一旦进度被认为可以忽略不计(如损失几乎没有减少)，有一些方法可以更早地**停止**它。这些被称为(最恰当的)**早期停止**方法。目前，由于我们的模型只是一个非常简单的模型，所以能负担得起 1000 个周期的训练。

Notebook 单元 1. 2-使用 Numpy 实现线性回归的梯度下降

```
1   #第 0 步:随机初始化参数 b 和 w
2   np.random.seed(42)
3   b = np.random.randn(1)                    ①
4   w = np.random.randn(1)                    ①
5
6   print(b, w)
7
8   #设置学习率
9   lr = 0.1                                  ②
10  #定义周期数
11  n_epochs = 1000                           ②
12
13  for epoch in range(n_epochs):
14      #第 1 步:计算模型的预测输出——前向传递
15      yhat = b + w * x_train                ③
```

```
16
17    #第 2 步:计算误差
18    #正在使用所有数据点,所以这是批量梯度下降
19    #模型有多大的错误? 那就是误差
20    error = (yhat - y_train)                              ④
21    #这是回归,所以计算均方误差 (MSE)
22    loss = (error ** 2).mean()                            ④
23
24    #第 3 步:计算参数 b 和 w 的梯度
25    b_grad = 2 * error.mean()                             ⑤
26    w_grad = 2 * (x_train * error).mean()                 ⑤
27
28    #第 4 步:使用梯度和学习率
29    #更新参数
30    b = b - lr * b_grad                                   ⑥
31    w = w - lr * w_grad                                   ⑥
32
33    print(b, w)
```

注：

① 第 0 步：参数/权重的随机初始化。

② 超参数的初始化。

③ 第 1 步：前向传递。

④ 第 2 步：计算损失。

⑤ 第 3 步：计算梯度。

⑥ 第 4 步：更新参数。

输出：

```
#初始化后的 b 和 w
[0.49671415] [-0.1382643]
#梯度下降后的 b 和 w,如图 1.3 所示
[1.02354094] [1.96896411]
```

为了确保代码没有错误，我们可以使用 Scikit-Learn 的线性回归来拟合模型并比较系数。

```
#理智检测:是否得到了与梯度下降相同的结果
linr = LinearRegression()
linr.fit(x_train, y_train)
print(linr.intercept_, linr.coef_[0])
```

输出：

```
# Scikit-Learn 中的截距和系数
[1.02354075] [1.96896447]
```

它们最多**匹配**小数点后 6 位——使用 Numpy 实现了一个完整的线性回归。

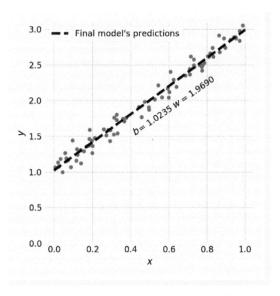

● 图 1.3　经充分训练的模型的预测

 PyTorch

首先，需要介绍**一些基本概念**，如果您在建模之前没有很好地掌握它们，那么这些概念可能会让您不知所措。

在深度学习中，到处都能看到**张量**。谷歌的框架被称为 TensorFlow 是有原因的。**到底什么是张量**？

▶▶ 张量

在 Numpy 中，您可能有一个具有**三个维度**的**数组**。从技术上讲，这就是一个**张量**。

> 🛈　**标量**(单个数字)具有**零维**，**向量具有一维**，**矩阵具有二维**，**张量具有三个或更多**维。

但是，为了简单起见，通常也会将向量和矩阵称为张量。所以，从现在开始，**一切要么是标量，要么是张量**(如图 1.4 所示)。

您可以在 PyTorch 中创建**张量**，就像在 Numpy 中创建**数组**一样，可以使用 tensor() 来创建标量或张量。

PyTorch 的张量具有与其 Numpy 对应的等效功能，如 ones()、zeros()、rand()、randn() 等。在下面的例子中，分别创建一个标量、向量、矩阵和张量，或者换一种说法，一个标量和三个张量，代码如下。

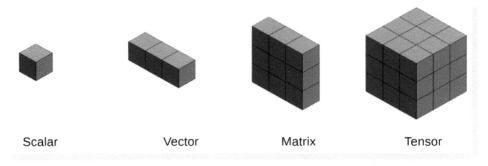

Scalar　　　　Vector　　　　Matrix　　　　Tensor

• 图 1.4　张量只是高维矩阵——请对照 http://karlstratos.com/drawings/linear_dogs.jpg

```
scalar = torch.tensor(3.14159)
vector = torch.tensor([1, 2, 3])
matrix = torch.ones((2, 3), dtype=torch.float)
tensor = torch.randn((2, 3, 4), dtype=torch.float)

print(scalar)
print(vector)
print(matrix)
print(tensor)
```

输出：

```
tensor(3.1416)
tensor([1, 2, 3])
tensor([[1., 1., 1.],
        [1., 1., 1.]])
tensor([[[ -1.0658, -0.5675, -1.2903, -0.1136],
        [   1.0344,  2.1910,  0.7926, -0.7065],
        [   0.4552,  -0.6728, 1.8786, -0.3248]],
        [[ - 0.7738,  1.3831,  1.4861, -0.7254],
        [   0.1989,  -1.0139, 1.5881, -1.2295],
        [ -  0.5338,  -0.5548, 1.5385, -1.2971]]])
```

您可以使用张量的 size() 方法或它的 shape 属性来获取张量的形状。

```
print(tensor.size(), tensor.shape)
```

输出：

```
torch.Size([2, 3, 4]) torch.Size([2, 3, 4])
```

所有张量都有形状，但标量有"空"形状，因为它们是**无维的**(或零维的)：

```
print(scalar.size(), scalar.shape)
```

输出：

```
torch.Size([]) torch.Size([])
```

您还可以使用张量的 view()(首选)或 reshape() 方法对其进行重塑。

注意：view( )方法只返回一个具有所需形状的**张量**，该张量与**原始张量共享基础数据——它不会创建一个新的、独立的张量**。

reshape( )方法**可能会**，**也可能不会**创建副本。这种看似奇怪的行为背后的原因超出了本节的知识范围——但这种行为是**首选 view**( )的原因。

```
#得到一个形状不同的张量,但它仍然是相同的张量
same_matrix = matrix.view(1, 6)
#如果改变它的一个元素……
same_matrix[0, 1] = 2.
#它改变了两个变量:matrix 和 same_matrix
print(matrix)
print(same_matrix)
```

输出：

```
tensor([[1., 2., 1.],
        [1., 1., 1.]])
tensor([[1., 2., 1., 1., 1., 1.]])
```

如果您想真实地复制所有数据，即**复制**内存中的**数据**，可以使用它的 new_tensor( )或 clone( )方法。

```
#使用 new_tensor()方法将其真正复制到一个新的张量中
different_matrix = matrix.new_tensor(matrix.view(1, 6))
#现在,如果改变其中一个元素……
different_matrix[0, 1] = 3.
#原始张量(矩阵)保持不变
#但是从 PyTorch 收到一个"警告",告诉我们改用 clone()
print(matrix)
print(different_matrix)
```

输出：

```
tensor([[1., 2., 1.],
        [1., 1., 1.]])
tensor([[1., 3., 1., 1., 1., 1.]])
```

输出：

```
UserWarning: To copy construct from a tensor, it is
recommended to use sourceTensor.clone().detach() or
sourceTensor.clone().detach().requires_grad_(True),
rather than tensor.new_tensor(sourceTensor).
"""Entry point for launching an IPython kernel.
```

似乎 PyTorch 更喜欢使用 clone( )以及 detach( )，而不是 new_tensor( )……这两种方式都达到了**完全相同的结果**，但下面的代码被认为更清晰、更易读。

```
#遵循 PyTorch 的建议使用 clone()方法
another_matrix = matrix.view(1, 6).clone().detach()
```

```
#同样,如果改变它的一个元素……
another_matrix[0, 1] = 4.
#原始张量(矩阵)保持不变
print(matrix)
print(another_matrix)
```

输出：

```
tensor([[1., 2., 1.],
        [1., 1., 1.]])
tensor([[1., 4., 1., 1., 1., 1.]])
```

 您可能会问自己："detach( )方法呢，它有什么作用？"

它从计算图中删除了张量，这可能导致引出的问题会多于它回答的问题。我们将在本章稍后再讨论它。

▶▶ 加载数据、设备和 CUDA

现在是开始将 Numpy 代码转换为 PyTorch 的时候了：从**训练数据**开始，即 x_train 和 y_train 数组。

 "如何从 Numpy 数组到 PyTorch 张量？"

这就是 as_tensor( )的作用[其工作方式类似于 from_numpy( )]。
此操作**保留**数组的**类型**：

```
x_train_tensor = torch.as_tensor(x_train)
x_train.dtype, x_train_tensor.dtype
```

输出：

```
(dtype('float64'), torch.float64)
```

您还可以使用 float( )轻松地将其**转换**为不同的类型，如较低精度(32 位)的浮点数，它将占用更少的内存空间：

```
float_tensor = x_train_tensor.float()
float_tensor.dtype
```

输出：

```
torch.float32
```

重要提示：as_tensor( )和 from_numpy( )都返回一个与原始 Numpy 数组**共享基础数据**的张量。与在上一节中使用 view( )时发生的情况类似，如果您**修改原始 Numpy 数据**，也等于在修改相应的 **PyTorch 张量**，反之亦然。

```
dummy_array = np.array([1, 2, 3])
dummy_tensor = torch.as_tensor(dummy_array)
# Modifies the numpy array
dummy_array[1] = 0
# Tensor gets modified too...
dummy_tensor
```

输出：

```
tensor([1, 0, 3])
```

"我需要 as_tensor( ) 做什么？为什么不能只使用 torch.tensor( )？"

请记住，torch.tensor( ) 总是**复制数据**，而不是与 Numpy 数组共享底层数据。

您还可以执行**相反**的操作，即将 PyTorch 张量转换回 Numpy 数组，这就是 numpy( ) 的作用：

```
dummy_tensor.numpy()
```

输出：

```
array([1, 0, 3])
```

到目前为止，只创建了 **CPU 张量**。这意味着什么呢？这意味着张量中的**数据存储**在计算机的**主内存**中，对其执行的任何操作都将**由其 CPU**(中央处理器)**处理**。因此，虽然从技术上讲，数据在内存中，但仍然将这种张量称为 **CPU 张量**。

"还有其他张量吗？"

是的，还有一种 **GPU 张量**。**GPU**(表示图形处理单元)是**显卡的处理器**。这些张量**将它们的数据存储在显卡的内存中**，并且在它们之上的操作由 **GPU** 执行。有关 CPU 和 GPU 之间差异的更多信息，请参阅[41]。

如果您有 NVIDIA 的显卡，可以利用它的 **GPU 来加速模型训练**。PyTorch 支持使用 **CUDA**(计算统一设备架构)将这些 GPU 用于模型训练，这需要预先安装和配置(请参阅**设置指南**了解更多信息)。

如果您**确实**有 **GPU**(并且设法安装了 CUDA)，则将介绍在 PyTorch 中怎样使用它。但是，即使**没有 GPU**，也应该在这里坚持下去……为什么？首先，您可以使用**谷歌 Colab 提供**的**免费 GPU**；其次，您应该始终让代码准备好 GPU，也就是说，**如果 GPU 可用，它应该自动在 GPU 中运行**。

"我如何知道 GPU 是否可用？"

PyTorch 又一次帮助了您——可以使用 cuda.is_available( ) 来确定是否有 GPU 可供使用，并相应地设置您的设备。因此，最好在代码顶部弄清楚这一点。

定义您的设备：

```
device = 'cuda' if torch.cuda.is_available() else 'cpu'
```

因此，如果您没有 GPU，则您的 device 称为 cpu。如果您有 GPU，则您的 device 称为 cuda 或 cuda:0。那为什么不叫 GPU 呢？不要问我……重要的是，您的代码将能够始终使用适当的设备。

> "为什么是 cuda:0？还有其他的，比如 cuda:1、cuda:2 等吗？"

如果您有幸在计算机中拥有多个 GPU，则可能会出现上述情况。由于通常情况并非如此，因此我假设您要么有**一个 GPU**，要么**没有**。因此，当告诉 PyTorch 向 CUDA 发送一个不带任何编号的张量时，它将发送到当前的 CUDA 设备，默认情况下是 0 号设备。

如果您使用的是别人的计算机，但您不知道它有多少个 GPU 或者它们是哪种型号，可以使用 cuda.device_count( ) 和 cuda.get_device_name( ) 来计算：

```
n_cudas = torch.cuda.device_count()
for i in range(n_cudas):
    print(torch.cuda.get_device_name(i))
```

输出：

```
GeForce GTX 1060 6GB
```

在我的例子中只有一个 GPU，它的型号是 GeForce GTX 1060，内存为 6GB。

下面只剩下一件事要做：把我们的张量变成一个 **GPU 张量**。这就是 to( ) 的好处，它将张量发送到指定的**设备**：

```
gpu_tensor = torch.as_tensor(x_train).to(device)
gpu_tensor[0]
```

输出（GPU）：

```
tensor([0.7713], device='cuda:0', dtype=torch.float64)
```

输出（CPU）：

```
tensor([0.7713],dtype=torch.float64)
```

在这种情况下，打印输出中没有 **device** 信息，因为 PyTorch 只是假定默认值（CPU）。

> "我应该使用 to(device) 吗，即使我只使用 CPU？"

是的，您应该这样做，因为这样做**没有成本**。如果您只有一个 CPU，您的张量已经是一个 CPU 张量，所以什么都不会发生。但是如果您在 GitHub 上与其他人分享您的代码，那么任何拥有 GPU 的人都会从中受益。

现在，把所有内容放在一起，为 PyTorch **准备好我们的训练数据**。

Notebook 单元 1.3-加载数据：将 Numpy 数组转换为 PyTorch 张量

```
device = 'cuda' if torch.cuda.is_available() else 'cpu'

#数据存储在 Numpy 数组中
#但需要将它们转换为 PyTorch 的张量
#然后将它们发送到所选设备
x_train_tensor = torch.as_tensor(x_train).float().to(device)
y_train_tensor = torch.as_tensor(y_train).float().to(device)
```

因此，我们定义了一个设备，将两个 Numpy 数组转换为 PyTorch 张量，并将它们转换为浮点数，然后将它们发送到设备。看看下面这些类型：

```
#在这里,可以看到差异。请注意,.type()更有用
#因为它还告诉我们张量在哪里(设备)
print(type(x_train), type(x_train_tensor), x_train_tensor.type())
```

输出（GPU）：

```
<class 'numpy.ndarray'> <class 'torch.Tensor'>
torch.cuda.FloatTensor
```

输出（CPU）：

```
<class 'numpy.ndarray'> <class 'torch.Tensor'>
torch.FloatTensor
```

如果您比较这两个变量的**类型**，会得到所期望的结果：第一个变量是 numpy.ndarray，第二个变量是 torch.Tensor。

但是 x_train_tensor 在哪里？它是 CPU 张量还是 GPU 张量？如果您使用 PyTorch 的 type()，这会显示它的**位置**（torch.cuda.FloatTensor）。在这种情况下是一个 GPU 张量（当然，假设输出使用 GPU）。

在使用 GPU 张量时，还有一件事需要注意：还记得 numpy() 吗？如果想将 GPU 张量变回 Numpy 数组怎么办？会得到一个**错误**：

```
back_to_numpy = x_train_tensor.numpy()
```

输出：

```
TypeError: can't convert CUDA tensor to numpy. Use
Tensor.cpu() to copy the tensor to host memory first.
```

Numpy 无法处理 GPU 张量，您需要首先使用 cpu() 使它们成为 CPU 张量：

```
back_to_numpy = x_train_tensor.cpu().numpy()
```

因此，为避免此错误，请先使用 cpu()，然后使用 numpy()，即使您使用的是 CPU。它遵循与 to(device) 相同的原则：您可以与可能使用 GPU 的其他人共享您的代码。

▶▶ 创建参数

用于**训练数据**（或验证，或测试）的张量（就像刚刚创建的那些），与用作（可训练的）**参数/权重**的

张量有什么区别?

后者需要**计算其梯度**，因此可以**更新**它们的值(即参数的值)。这就是 requires_grad = True 参数的好处，它告诉 PyTorch 计算梯度。

 一个**可学习参数**的张量需要一个**梯度**。

您可能很想为参数创建一个简单的张量，然后将其发送到选择的设备中，就像我们对数据所做的那样。但这一处理过程没那么快……

 在接下来的内容中，我将向您介绍 **4 个**代码块，用以展示创建参数的不同尝试。

前 3 种尝试展示的是**建立**一个解决方案。第 1 种只有在您从不使用 GPU 的情况下才能正常工作。第 2 种根本不起作用。第 3 种有效，但它太冗长了。**推荐**创建参数的方式是**最后一种**：**Notebook 单元 1. 4**。

下面的第一段代码是为参数创建了两个张量，包括梯度等。默认情况下，它们是 **CPU** 张量。

第 1 种

```
#随机初始化参数 b 和 w,这几乎与在 Numpy 中所做的相同
#因为希望对这些参数应用梯度下降
#所以需要设置 requires_grad=True
torch.manual_seed(42)
b = torch.randn(1, requires_grad=True, dtype=torch.float)
w = torch.randn(1, requires_grad=True, dtype=torch.float)
print(b, w)
```

输出：

```
tensor([0.3367], requires_grad=True)
tensor([0.1288], requires_grad=True)
```

 永远不要忘记设置**种子**，以确保可重复性，就像之前在使用 Numpy 时所做的那样，PyTorch 的对应方法是 torch.manual_seed( )。

 "如果我在 PyTorch 中使用与在 Numpy 中**相同的种子**(或者换一种说法，如果我在任何地方都使用42)，我会得到**相同的数值**吗?"

答案是，**不行**。

同一个软件包中的**同一个种子**会得到**相同的数字**。PyTorch 生成的数字序列与 Numpy 生成的数字序列不同，即使在两者中使用相同的种子也是如此。

我假设您想使用自己的 **GPU**(或来自谷歌 Colab 的 GPU)，所以需要**将这些张量发送到设备**。我们可以尝试**简单**的方法，这种方法可以很好地将训练数据发送到设备。这是第二次(也是失败的)尝试：

第 2 种

```
#但是如果想在 GPU 上运行它怎么办? 可以将它们发送到设备,对吗?
torch.manual_seed(42)
b = torch.randn(1, requires_grad=True, dtype=torch.float).to(device)
w = torch.randn(1, requires_grad=True, dtype=torch.float).to(device)
print(b, w)
#抱歉,但不是这样,to(device)将"阴影"梯度……
```

输出:

```
tensor([0.3367], device='cuda:0', grad_fn=<CopyBackwards>)
tensor([0.1288], device='cuda:0', grad_fn=<CopyBackwards>)
```

我们成功地将它们发送到另一个设备中,但不知何故"**丢失**"了**梯度**,因为不再需要 requires_grad=True(不用管那个奇怪的 grad_fn)。

在第 3 种方法中,**首先**将张量发送到**设备**,**然后**使用 requires_grad_( )方法将其 requires_grad 属性设置为 True。

在 PyTorch 中,每个以**下画线**(_)**结尾**的方法,如上面的 requires_grad_( )方法,都是在**原地**修改。也就是说,它们会**修改**底层变量。

第 3 种

```
#可以创建常规张量并将它们发送到设备(就像对数据所做的那样)
torch.manual_seed(42)
b = torch.randn(1, dtype=torch.float).to(device)
w = torch.randn(1, dtype=torch.float).to(device)
#然后将它们设置为需要梯度……
b.requires_grad_()
w.requires_grad_()
print(b, w)
```

输出:

```
tensor([0.3367], device='cuda:0', requires_grad=True)
tensor([0.1288], device='cuda:0', requires_grad=True)
```

这种方法效果很好,最终得到了需要 **GPU 张量**作为参数 b 和 w 的梯度。不过,看起来工作量很大……还能做得更好吗?

是的,可以在**创建**设备时将张量**分配给设备**。

Notebook 单元 1.4-实际上为系数创建变量

最后一种

```
#可以在创建的时候指定设备
```

推荐

```
#第 0 步:随机初始化参数 b 和 w
torch.manual_seed(42)
```

```
b = torch.randn(1, requires_grad=True, dtype=torch.float, device=device)
w = torch.randn(1, requires_grad=True, dtype=torch.float, device=device)
print(b, w)
```

输出：

```
tensor([0.1940], device='cuda:0', requires_grad=True)
tensor([0.1391], device='cuda:0', requires_grad=True)
```

这样就容易多了。

在**创建设备**时始终为其**指定**张量，以避免出现意外行为。

如果您没有 GPU，则输出将略有不同：

输出（CPU）：

```
tensor([0.3367], requires_grad=True)
tensor([0.1288], requires_grad=True)
```

"即使我使用**相同的种子**，为什么它们也会不同？"

与在**不同软件包**（Numpy 和 PyTorch）中使用相同种子的情况类似，如果 PyTorch 在**不同设备**（CPU 或 GPU）中生成随机数，也会得到**不同的随机数序列**。

现在知道了如何创建需要梯度的张量了，接下来看看 PyTorch 是如何处理它们的。

Autograd

Autograd 是 PyTorch 的自动微分软件包。因为有它，我们**不再担心**偏导数、链式法则等类似的东西。

▶▶ backward

那么，如何告诉 PyTorch 做它该做的事情，并**计算所有的梯度**呢？这就是 backward( )方法的作用。它将计算所有（需要梯度的）参与计算并给定变量的张量的梯度。

还记得**计算梯度**的起点吗？它是**损失**，因为我们计算了它与参数有关的偏导数。因此，需要从相应的 Python 变量中调用 backward( )方法：loss.backward( )。

Notebook 单元 1.5-Autograd 在行动

```
#第 1 步:计算模型的预测输出——前向传递
yhat = b + w * x_train_tensor


#第 2 步:计算损失
#使用了所有数据点,因此这是批量梯度下降
#模型有错误吗? 那不是错误,是误差
```

```
error = (yhat - y_train_tensor)
#这是回归,所以它计算均方误差(MSE)
loss = (error ** 2).mean()

#第 3 步:计算参数 b 和 w 的梯度
#不再需要手动计算梯度
# b_grad = 2 * error.mean()
# w_grad = 2 * (x_tensor * error).mean()
loss.backward()                                                              ①
```

注:

① 使用了 backward( ) 的"第 3 步:计算参数 b 和 w 的梯度"。

应用于损失的 backward( ) 方法将处理下面这些张量?

- b。
- w。
- yhat。
- error。

对 b 和 w 都设置为 requires_grad = True,因此它们显然包含在列表中。我们都使用它们来计算 yhat,所以它也会进入列表。最后使用 yhat 来计算 error,它也被添加到列表中。

您看到这里的模式了吗?如果列表中的张量用于计算另一个张量,则后者也将包含在列表中。跟踪这些依赖关系,正是**动态计算图**正在做的事情,接下来我们很快就会看到。

那么 x_train_tensor 和 y_train_tensor 呢?它们也参与了计算……但我们将它们创建为**不需要梯度**的张量,因此 backward( ) 并不关心它们。

```
print(error.requires_grad, yhat.requires_grad, b.requires_grad, w.requires_grad)
print(y_train_tensor.requires_grad, x_train_tensor.requires_grad)
```

输出:

```
True True True True
False False
```

那么**梯度**的**实际值**呢?可以通过查看张量的 grad **属性**来检查它们。

```
print(b.grad, w.grad)
```

输出:

```
tensor([-3.3881], device='cuda:0')
tensor([-1.9439], device='cuda:0')
```

如果您查看该方法的文档,它会清楚地说明**梯度是累积的**。这是什么意思?这意味着,如果运行 **Notebook 单元 1.5** 的代码(第 1 步~第 3 步)两次,然后检查 grad 属性,将得到:

输出：

```
tensor([-6.7762], device='cuda:0')
tensor([-3.8878], device='cuda:0')
```

如果您**没有 GPU**，您的输出将略有不同：

输出：

```
tensor([-3.1125]) tensor([-1.8156])
```

输出：

```
tensor([-6.2250]) tensor([-3.6313])
```

正如预期的那样，这些梯度的值恰好是以前的**两倍**。

但实际上这是一个**问题**：需要使用**当前**损失对应的梯度来执行参数更新。**不应该使用累积梯度。**

"如果**累积梯度**是一个**问题**，为什么 PyTorch 默认会这样做？"

事实证明：此行为可用于规避硬件限制。

在大型的模型训练过程中，小批量所需的数据点数量**可能太大**，而**无法存储**到（显卡的）内存中。除了购买更昂贵的硬件之外，如何解决这个问题？

可以将一个**小批量拆分**为"子小批量"，计算这些"子"的梯度并**累积**起来，以获得与计算**整个**小批量的梯度相同的结果。

听起来很混乱？不用担心，这已经相当先进了，有点超出了本书的知识范围，但我认为接下来需要解释一下 PyTorch 的这种特殊行为。

 zero_

每次使用**梯度更新**参数时，都需要在**之后将梯度归零**，而这正是 zero_( ) 的作用。

```
#这段代码将放置在第 4 步 (更新参数) 之后
b.grad.zero_(), w.grad.zero_()
```

输出：

```
(tensor([0.], device='cuda:0'),
tensor([0.], device='cuda:0'))
```

方法名称末尾的**下画线**(_)是什么意思？如果不清楚，请返回上一节并找出答案。

因此，**放弃手动计算梯度**，改用 backward( ) 和 zero_( ) 方法。

但总有一个**陷阱**，这一次与**参数的更新**有关……我们接着往下看。

 更新参数

"不能简单地更新参数……"

Numpy 更新参数的代码还不够。为什么不够？尝试一下，简单地复制和粘贴它(这是**第一次尝试**)，稍微更改它(**第二次尝试**)，然后让 PyTorch **退出**(是的，这是 PyTorch 的错)。

Notebook 单元 1.6-更新参数

```
1   #设置学习率
2   lr = 0.1
3
4   #第 0 步:随机初始化参数 b 和 w
5   torch.manual_seed(42)
6   b = torch.randn(1, requires_grad=True, \
7                   dtype=torch.float, device=device)
8   w = torch.randn(1, requires_grad=True, \
9                   dtype=torch.float, device=device)
10
11  #定义周期数
12  n_epochs = 1000
13
14  for epoch in range(n_epochs):
15      #第 1 步:计算模型的预测输出——前向传递
16      yhat = b + w * x_train_tensor
17
18      #第 2 步:计算损失
19      #使用了所有数据点,因此这是批量梯度下降
20      #模型有错误吗? 那不是错误,是误差
21      error = (yhat - y_train_tensor)
22      #这是回归,所以它计算均方误差(MSE)
23      loss = (error ** 2).mean()
24
25      #第 3 步:计算参数 b 和 w 的梯度
26      #不再需要手动计算梯度
27      # b_grad = 2 * error.mean()
28      # w_grad = 2 * (x_tensor * error).mean()
29
30      #只需要告诉 PyTorch 从指定的损失开始向后工作即可
31      loss.backward()
32
33      #第 4 步:使用梯度和学习率更新参数
34      #但是没那么快
35      #第一次尝试:只使用与以前相同的代码
36      # AttributeError:NoneType 对象没有 zero_ 属性
37      # b = b - lr * b.grad                                    ①
38      # w = w - lr * w.grad                                    ①
39      # print(b)                                               ①
40
41      #第二次尝试:使用原地 Python 赋值
42      # RuntimeError:在原地操作中使用了
43      #需要梯度的叶变量
44      # b -= lr * b.grad                                       ②
```

```
45    # w -= lr * w.grad                                            ②
46
47    #第三次尝试:no_grad 获胜
48    #需要使用 no_grad 来防止更新被纳入梯度计算
49
50    #因为 PyTorch 使用的是动态图
51    with torch.no_grad():                                         ③
52        b -= lr * b.grad                                          ③
53        w -= lr * w.grad                                          ③
54
55    # PyTorch 对其计算出的梯度"很执着"
56    #需要告诉它放手
57    b.grad.zero_()                                                ④
58    w.grad.zero_()                                                ④
59
60  print(b, w)
```

注:

① 第一次尝试: 导致 AttributeError。

② 第二次尝试: 导致 RuntimeError。

③ 第三次尝试: no_grad 解决了这个问题。

④ zero_防止梯度累积。

在**第一次尝试**中，如果使用与 Numpy 代码中相同的更新结构，将在下面得到奇怪的**错误**……但可以通过查看张量本身来了解发生了什么。再者，在将更新结果重新分配给参数时"**丢失**"了**梯度**。因此，grad 属性变成了 None，它引发了错误。

输出(第一次尝试: 只使用与以前相同的代码):

```
tensor([0.7518], device='cuda:0', grad_fn=<SubBackward0>)
AttributeError:'NoneType' object has no attribute 'zero_'
```

然后稍微修改它，在**第二次尝试**中使用熟悉的**原地 Python 分配**。而且，PyTorch 再次对此"抱怨"，并产生了一个**错误**。

输出(第二次尝试: 原地分配):

```
RuntimeError: a leaf Variable that requires grad has been used in an in-place operation.
```

事实证明，这是一个"**太多好事**"的案例。主要原因是 PyTorch 能够从涉及任何**梯度计算张量**或其**依赖项**的每个 **Python 操作**构建**动态计算图**。

我们将在下一节中深入探讨动态计算图的内部工作原理。

是时候进行**第三次尝试**了……

▶▶ no_grad

那么，如何告诉 PyTorch"**后退**"，**更新参数**，而不会弄乱它的动态计算图呢？这就是 torch.no_grad( )的好处。它允许我们**对张量执行常规 Python 操作，而不会影响 PyTorch 的计算图**。

最后，我们成功地运行了模型并获得了**结果参数**。果然，它们与在纯 Numpy 实现中得到的参数是**一致**的。

输出(第三次尝试：no_grad 获胜)：

```
#第三次尝试:no_grad 获胜
tensor([1.0235], device='cuda:0', requires_grad=True)
tensor([1.9690], device='cuda:0', requires_grad=True)
```

记住：

> "不能只是简单地更新参数……而**不使用** no_grad"

事实证明，除了允许更新参数之外，no_grad 还有另一个用例——我们将在第 2 章处理模型评估时再来讨论它。

 动态计算图

> "不幸的是，没有人知道动态计算图是什么。您必须自己去看看。"

PyTorchViz 软件包及其 make_dot(变量)方法，使我们能够轻松地可视化在梯度计算中涉及的给定 Python 变量有关的图形。

 如果您在设置指南中选择了"本地安装"，并跳过了第 5 步("安装 GraphViz 软件和 TorchViz 软件包")或遇到了问题，则在尝试使用 make_dot 可视化图形时会**出错**。

所以，坚持**最低限度**：两个(梯度计算)**张量**，用于参数、预测、误差和损失。下面这些是第 0 步、第 1 步和第 2 步的相关代码。

```
#第 0 步:随机初始化参数 b 和 w
torch.manual_seed(42)
b = torch.randn(1, requires_grad=True, dtype=torch.float, device=device)
w = torch.randn(1, requires_grad=True, dtype=torch.float, device=device)
#第 1 步:计算我们模型的预测输出——前向传递
yhat = b + w * x_train_tensor
#第 2 步:计算损失
error = (yhat - y_train_tensor)
loss = (error ** 2).mean()

#尝试为任何 Python 变量绘制图形:yhat、error、loss 等
make_dot(yhat)
```

运行上述代码将显示**图 1.5**。

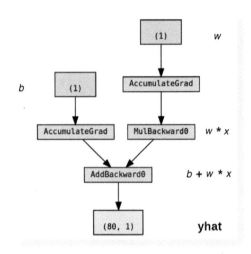

● 图 1.5 为 yhat 生成的计算图(观察：相应的变量名称是手动插入的)

仔细看看它的组成部分：

- **蓝色框**((**1**))：这些框对应于用作**参数**的**张量**，即要求 PyTorch **计算梯度**的张量。
- **灰色框**(**MulBackward0** 和 **AddBackward0**)：涉及**梯度计算张量**或其**依赖项**的 **Python** 操作。
- **绿色框**((**80**,**1**))：用作梯度**计算起点**的张量(假设从用于**可视化**图形的**变量**中调用了 backward( )方法)——它们在图形中是**自下而上**计算的。

现在，仔细看看图形底部的**灰色框**：**两个箭头**指向它，因为它把**两个变量** b 和 $w*x$ **相加**。

然后再看同一张图的**灰色框**(**MulBackward0**)：它正在执行一个**乘法**，即 $w*x$。但只有一个箭头指向它，箭头来自于**参数** w 对应的**蓝色框**。

"**为什么**没有一个**数据**框(x)？"

答案是：我们**不为它计算梯度**。

因此，即使计算图执行的操作涉及更多张量，但它也**只**显示**梯度计算张量及其依赖关系**。

如果将**参数** b 的 requires_grad 设置为 False，计算图会发生什么？

```
b_nograd = torch.randn(1, requires_grad=False, dtype=torch.float, device=device)
w = torch.randn(1, requires_grad=True, dtype=torch.float, device=device)

yhat = b_nograd + w * x_train_tensor

make_dot(yhat)
```

不出所料(如图 1.6 所示)，**参数** b 对应的**蓝色框**已经没有了。

很简单：**没有梯度，就没有图形**。

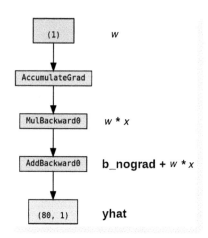

● 图 1.6 现在参数 b 的梯度不再被计算, 但仍在计算中使用

动态计算图的**最佳**之处在于, 您可以根据需要将其**复杂化**, 甚至可以使用控制流语句(如 if 语句)来**控制梯度的流动**。

图 1.7 显示了一个例子, 代码如下。

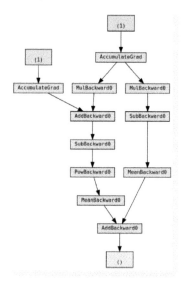

● 图 1.7 复杂的计算图, 只是为了说明问题

```
b = torch.randn(1, requires_grad=True, dtype=torch.float, device=device)
w = torch.randn(1, requires_grad=True, dtype=torch.float, device=device)

yhat = b + w * x_train_tensor
error = yhat - y_train_tensor
loss = (error ** 2).mean()
```

```
# this makes no sense!!
if loss > 0:
    yhat2 = w * x_train_tensor
    error2 = yhat2 - y_train_tensor

# neither does this :-)
loss += error2.mean()

make_dot(loss)
```

即使计算是无意义的，您也可以清楚地看到**添加控制流语句**的**效果**，例如 if loss>0：它将计算图**分**为两部分。**右分支在 if 语句**中执行计算，最后将其添加到左分支的结果中。

尽管没有在本书中构建更复杂的模型，但这个例子很好地说明了 PyTorch 的功能，以及它们在代码中的实现是多么的容易。

优化器

到目前为止，一直在使用计算出的梯度**手动**更新参数。这对于**两个参数**来说可能没问题，但是如果有**很多参数**呢？我们需要使用 PyTorch 的优化器之一，如 SGD（随机梯度下降）、RMSprop 或 Adam 等。

有**很多**优化器：**SGD** 是其中最基本的一种，而 **Adam** 是最受欢迎的一种。

不同的优化器使用不同的机制来**更新参数**，但它们都是通过**不同的路径**实现相同的目标。

要了解我的意思，请查看由 Alec Radford[43] 开发的 GIF 动画[42]，其可在斯坦福大学的 CS231n："Convolutional Neural Networks for Visual Recognition"[44] 课程中获得。该动画显示了一个**损失面**，就像我们在第 0 章中计算的那样，以及一些优化器为达到**最小值**（用星号表示）所遍历的**路径**。请记住，**小批量的选择**会影响**梯度下降的路径，优化器的选择**也是如此。

 step/zero_grad

优化器接收想要更新的**参数**、想要使用的**学习率**（可能还有许多其他超参数），并通过它的 step（）方法**执行更新**。

```
#定义 SGD 优化器来更新参数
optimizer = optim.SGD([b, w], lr=lr)
```

此外，也不再需要逐个将梯度归零，只需调用优化器的 zero_grad（）方法，就可以了。

在下面的代码中，我们创建了一个（SGD）优化器来更新参数 b 和 w。

不要被**优化器**的名字所迷惑：如果一次性使用**所有训练数据**进行更新（正如在代码中所做的那样），优化器正在执行**批量**梯度下降，尽管它的名字是这样的。

Notebook 单元 1.7–PyTorch 的优化器正在运行(不再需要手动更新参数)

```
1   #设置学习率
2   lr = 0.1
3
4   #第 0 步:随机初始化参数 b 和 w
5   torch.manual_seed(42)
6   b = torch.randn(1, requires_grad=True, \
7               dtype=torch.float, device=device)
8   w = torch.randn(1, requires_grad=True, \
9               dtype=torch.float, device=device)
10
11  #定义 SGD 优化器来更新参数
12  optimizer = optim.SGD([b, w], lr=lr)                          ①
13
14  #定义周期数
15  n_epochs = 1000
16
17  for epoch in range(n_epochs):
18      #第 1 步:计算模型的预测输出(前向传递)
19      yhat = b + w * x_train_tensor
20
21      #第 2 步:计算损失
22      #使用了所有数据点,因此这是批量梯度下降
23      #模型有错误吗? 那不是错误,是误差
24      error = (yhat - y_train_tensor)
25      #这是回归,所以它计算均方误差(MSE)
26      loss = (error ** 2).mean()
27
28      #第 3 步:计算参数 b 和 w 的梯度
29      loss.backward()
30
31      #第 4 步:使用梯度和学习率更新参数
32      #无需手动更新
33      # with torch.no_grad():
34      #    b -= lr * b.grad
35      #    w -= lr * w.grad
36      optimizer.step()                                          ②
37
38      #不再需要告诉 Pytorch 放开梯度
39      # b.grad.zero_()
40      # w.grad.zero_()
41      optimizer.zero_grad()                                     ③
42
43  print(b, w)
```

注:
① 定义优化器。
② 使用优化器新增"第 4 步:使用梯度和学习率更新参数"。

③ 使用优化器新增"梯度归零"。

检查一下这两个参数，以确保一切正常。

输出：

```
tensor([1.0235], device='cuda:0', requires_grad=True)
tensor([1.9690], device='cuda:0', requires_grad=True)
```

此时已经优化了**优化**过程。

损失

现在要解决**损失计算**的问题了。正如预期的那样，PyTorch 再次提供了帮助。根据当前的任务，有许多损失函数可供选择。由于我们的任务是回归，使用**均方误差**（MSE）作为损失，因此需要 PyTorch 的 nn.MSELoss。

```
#定义 MSE 损失函数
loss_fn = nn.MSELoss(reduction='mean')
loss_fn
```

输出：

```
MSELoss()
```

请注意，nn.MSELoss **本身并不是损失函数**：我们没有把预测和标签传给它。相反，如您所见，它**返回另一个函数**，我们称之为 loss_fn：这是**实际的损失函数**。因此，我们可以将预测和标签传给它，并获得相应的损失值。

```
#这是一个随机示例来说明损失函数
predictions = torch.tensor([0.5, 1.0])
labels = torch.tensor([2.0, 1.3])
loss_fn(predictions, labels)
```

输出：

```
tensor(1.1700)
```

 此外，您还可以指定要应用的**简化方法**，即**您希望如何汇总各个点的误差**——您可以对它们进行平均（reduction = "mean"）或简单地求和（reduction = "sum"）。在我们的示例中，使用典型的 mean 来简化计算 **MSE**。如果使用 sum 作为简化方法，实际上是在计算 **SSE**（平方误差之和）。

 从技术上讲，nn.MSELoss 是一个**高阶函数**。如果您不熟悉这个概念，我将在第 2 章中简要解释一下。

然后，在给定**预测**和**标签**的情况下，在下面代码的第 29 行使用创建的损失函数来计算损失。

Notebook 单元 1.8-PyTorch 的损失函数(不再需要手动计算损失)

```
1   #设置学习率
2
3   lr = 0.1
4
5   #第 0 步:随机初始化参数 b 和 w
6   torch.manual_seed(42)
7   b = torch.randn(1, requires_grad=True, \
8                  dtype=torch.float, device=device)
9   w = torch.randn(1, requires_grad=True, \
10                 dtype=torch.float, device=device)
11
12  #定义 SGD 优化器来更新参数
13  optimizer = optim.SGD([b, w], lr=lr)
14
15  #定义 MSE 损失函数
16  loss_fn = nn.MSELoss(reduction='mean')                          ①
17
18  #定义周期数
19  n_epochs = 1000
20
21  for epoch in range(n_epochs):
22      #第 1 步:计算模型的预测输出(前向传递)
23      yhat = b + w * x_train_tensor
24
25      #第 2 步:计算损失
26      #不再需要手动计算损失
27      # error = (yhat - y_train_tensor)
28      # loss = (error ** 2).mean()
29      loss = loss_fn(yhat, y_train_tensor)                        ②
30
31      #第 3 步:计算参数 b 和 w 的梯度
32      loss.backward()
33
34      #第 4 步:使用梯度和学习率
35      #更新参数
36      optimizer.step()
37      optimizer.zero_grad()
38
39  print(b, w)
```

注:

① 定义损失函数。

② 使用 loss_fn 新增"第 2 步——计算损失"。

输出:

```
tensor([1.0235], device='cuda:0', requires_grad=True)
tensor([1.9690], device='cuda:0', requires_grad=True)
```

看一下训练结束时的**损失值**。

```
loss
```

输出：

```
tensor(0.0080, device='cuda:0', grad_fn=<MeanBackward0>)
```

如果想把它作为一个 Numpy 数组呢？我想可以再次使用 numpy( )，还有 cpu( )，因为损失在 cuda 设备上……

```
loss.cpu().numpy()
```

输出：

```
RuntimeError Traceback (most recent call last)
<ipython-input-43-58c76a7bac74> in <module>
----> 1 loss.cpu().numpy()
RuntimeError: Can't call numpy() on Variable that requires
grad. Use var.detach().numpy() instead.
```

这里发生了什么？与我们的*数据张量*不同，损失张量实际上是计算梯度——要使用 numpy( )，首先需要从计算图中 detach( ) 张量。

```
loss.detach().cpu().numpy()
```

输出：

```
array(0.00804466,dtype=float32)
```

这似乎需要做**很多工作**；一定会有更简单的方法。确实有一个：可以使用 item( ) 来处理**只有一个元素的张量**，或者使用 tolist( ) 来处理其他元素(如果只有一个元素，它仍然返回一个标量)。

```
print(loss.item(), loss.tolist())
```

输出：

```
0.008044655434787273 0.008044655434787273
```

此时，只剩下一段代码需要更改：**预测**。下面是时候介绍 PyTorch 的实现方法了。

模型

在 PyTorch 中，**模型**由继承自 Module 类的常规 **Python 类**表示。

重要提示：*您对类、构造方法、方法、实例和**属性**等**面向对象编程**（**OOP**）的概念感到满意吗？*

如果您**不确定**这些术语中的任何一个，我**强烈建议**您在继续学习本书之前，先学习 Real Python 的 *Objected - Oriented Programming（OOP）in Python 3*[45] 和 *Supercharge Your Classes With Python super( )*[46] 等教程。对 OOP 有一个很好的理解是让您从 PyTorch 的功能中获益最多的**关键**之一。

因此，假设您已经熟悉 OOP，那么下面开始深入研究在 PyTorch 中开发**模型**。

模型类需要实现的最基本的方法如下：

- __init__(self)：**它定义了构成模型的部分**。在我们的例子中，是两个参数：b 和 w。

但是，您并**不局限于定义参数**，**模型也可以包含其他模型作为其属性**，因此您可以轻松地嵌套它们。接下来，我们很快也会看到这样的例子。此外，**不要忘记**在您自己的方法之前，包含 super().__init__() 来执行**父类**(nn.Module)的__init__()方法。

- forward(self, x)：它执行**实际的计算**，也就是说，在给定输入 x 的情况下，它**输出一个预测**。

这可能看起来很奇怪，但是，每当使用您的模型进行预测时，都**不应该调用** forward (x)方法。

您应该**调用整个模型**，如在 model(x)中，执行前向传递和输出预测。原因是，对整个模型的调用涉及**额外的步骤**，即处理**前向**和**反向钩子**(hook)。如果您不使用**钩子**(现在不使用任何钩子)，那么这两个调用是等价的。

钩子是一种非常有用的机制，它允许在更深的模型中检索中间值，我们在后文中会再讨论它。

现在为回归任务建立一个合适的(但简单的)模型。它应该如下所示：

Notebook 单元 1.9-构建"手动"模型，逐个创建参数

```
class ManualLinearRegression(nn.Module):
    def __init__(self):
        super().__init__()
        #为了使 b 和 w 成为模型的实际参数
        #需要使用 nn.Parameter 对它们进行包装
        self.b = nn.Parameter(torch.randn(1,requires_grad=True,dtype=torch.float))
        self.w = nn.Parameter(torch.randn(1,requires_grad=True,dtype=torch.float))
    def forward(self, x):
        # Computes the outputs / predictions
        return self.b + self.w * x
```

 参数

在__init__方法中，使用 Parameter()类定义了**两个参数** b 和 w，以告诉 PyTorch 这些作为 ManualLinearRegression **类**的**属性**的**张量**，应该被视为该类所代表的**模型的参数**。

为什么要关心这个问题？通过这样做，可以使用模型的 parameters()方法来检索**所有模型参数的迭代器**，包括**嵌套模型**的参数。然后可以使用它来提供优化器(而不是自己构建参数列表)。

```
torch.manual_seed(42)
#创建 ManualLinearRegression 模型的 dummy 实例。
dummy = ManualLinearRegression()
list(dummy.parameters())
```

输出：

```
[Parameter containing: tensor([0.3367], requires_grad=True),
Parameter containing: tensor([0.1288], requires_grad=True)]
```

此外，可以使用模型的 state_dict( ) 方法获取**所有参数的当前值**。

```
dummy.state_dict()
```

输出：

```
OrderedDict([('b', tensor([0.3367])), ('w', tensor([0.1288]))])
```

给定模型的 state_dict( ) 方法只是一个 Python 字典，**它将每个属性/参数映射到其对应的张量上**。但只包括**可学习**的参数，因为它的目的是跟踪将被**优化器**更新的参数。

顺便说一下，**优化器**本身也有一个 state_dict( ) 方法，其中包含其内部状态以及其他超参数。下面快速浏览一下：

```
optimizer.state_dict()
```

输出：

```
{'state': {0: {'momentum_buffer': None},
           1: {'momentum_buffer': None}},
 'param_groups': [{'lr': 0.1,
    'momentum': 0, 'dampening': 0, 'weight_decay': 0,
    'nesterov': False, 'maximize': False,
    'foreach': None, 'differentiable': False,
    'params': [0, 1]}]}
```

"需要这个做什么？"

事实证明：状态字典也可以用于**检查点**模型，我们将在第 2 章中讨论这个。

 设备

i 　**重要提示**：需要**将模型发送到数据所在的同一设备上**。如果数据由 GPU 张量组成，那么模型也必须在 GPU 内"存在"。

如果要将虚拟模型发送到一个设备上，代码如下：

```
torch.manual_seed(42)
#创建 ManualLinearRegression 模型的 dummy 实例,并将其发送到设备
dummy = ManualLinearRegression().to(device)
```

前向传递

前向传递是模型**做出预测**的时刻。

请记住：您应该调用 **model**(**x**)进行预测。

不要调用 **model.forward**(**x**)，否则，您模型的钩子将不起作用(如果您有的话)。

可以使用所有这些方便的方法来更改代码，代码如下：

Notebook 单元 1.10-PyTorch 的模型在行动(不再需要手动预测/前进步骤)

```
1   #设置学习率
2
3   lr = 0.1
4
5   #第 0 步:随机初始化参数 b 和 w
6   torch.manual_seed(42)
7   #现在可以创建一个模型并立即将其发送到设备
8   model = ManualLinearRegression().to(device)          ①
9
10  #定义 SGD 优化器来更新参数
11  #现在直接从模型中检索
12  optimizer = optim.SGD(model.parameters(), lr=lr)
13
14  #定义 MSE 损失函数
15  loss_fn = nn.MSELoss(reduction='mean')
16
17  #定义周期数
18  n_epochs = 1000
19
20  for epoch in range(n_epochs):
21      model.train() #这是什么                          ②
22
23      #第 1 步:计算模型的预测输出——前向传递
24      #不再需要手动预测
25      yhat = model(x_train_tensor)                      ③
26
27      #第 2 步:计算损失
28      loss = loss_fn(yhat, y_train_tensor)
29
30      #第 3 步:计算参数 b 和 w 的梯度
31      loss.backward()
32
33      #第 4 步:使用梯度和学习率更新参数
34      optimizer.step()
35      optimizer.zero_grad()
36
37  #还可以使用它的 state_dict 检查它的参数
38  print(model.state_dict())
```

注：

① 实例化模型。

② 这**是**什么?!?

③ 使用模型新建"第 1 步：计算模型的预测输出——前向传递"。

现在，打印出来的语句看起来像这样——参数 b 和 w 的最终值仍然相同，所以一切正常。

输出：

```
OrderedDict([('b', tensor([1.0235], device='cuda:0')),
 ('w',tensor([1.9690], device='cuda:0'))])
```

 训练

我希望您注意到代码中的一个特殊语句（第 21 行），我给它加了一条注释"**这是什么**?!?"——model.train( )。

 在 PyTorch 中，模型有一个 train( ) 方法，有点令人失望的是，**它并不执行训练步骤**。它唯一的目的是**将模型设置为训练模式**。为什么这很重要？例如，某些模型可能会使用丢弃（dropout）等机制，这些机制**在训练和评估阶段具有不同的行为**。

在训练循环中调用 model.train( ) 是一种很好的做法。也可以将一个模型设置为评估模式，但这是第 2 章的主题。

 嵌套模型

在模型中，**手动创建了两个参数**来执行线性回归。如果使用 PyTorch 的 Linear 模型，而不是定义单个参数，会怎样？

下面实现单特征线性回归，一个输入和一个输出，因此相应的线性模型如下所示：

```
linear = nn.Linear(1, 1)
linear
```

输出：

```
Linear(in_features=1, out_features=1, bias=True)
```

还有 b 和 w 参数吗？当然有：

```
linear.state_dict()
```

输出：

```
OrderedDict([('weight', tensor([[-0.2191]])), ('bias', tensor([0.2018]))])
```

所以，之前的参数 b 是**偏差**，参数 w 是**权重**（您的值可能会有所不同，因为我没有为这个例子设置随机种子）。

现在，使用 PyTorch 的 Linear 模型作为自己的**属性**，从而创建一个**嵌套模型**。

 但是，您并**不局限于定义参数**，**模型也可以包含其他模型作为其属性**，因此您可以轻松地嵌套它们。我们很快就会看到一个例子。

尽管这显然是一个人为的例子，因为我们几乎是包裹了底层模型，而没有给它添加任何有用的东西，但它很好地说明了这个概念。

Notebook 单元 1.11-使用 PyTorch 的线性模型构建模型

```
class MyLinearRegression(nn.Module):
    def __init__(self):
        super().__init__()
        #不使用自定义参数,而使用具有单个输入和单个输出的线性模型
        self.linear = nn.Linear(1, 1)
    def forward(self, x):
        #现在只需要一个调用
        self.linear(x)
```

在__init__方法中，创建了一个包含**嵌套 Linear 模型的属性**。

在 forward()方法中，**调用嵌套模型本身**来执行前向传递(**注意，没有**调用 self.linear.forward(x))。

现在，如果调用此模型的 parameters()方法，**PyTorch 将递归地计算其属性的参数**。

```
torch.manual_seed(42)
dummy = MyLinearRegression().to(device)
list(dummy.parameters())
```

输出：

```
[Parameter containing: tensor([[0.7645]], device='cuda:0', requires_grad=True),
 Parameter containing: tensor([0.8300], device='cuda:0', requires_grad=True)]
```

您还可以添加额外的 Linear 属性，即使您在前向传递中根本不使用它们，它们**仍**将列在 parameters()下。

如果您愿意，还可以使用 state_dict()来获取参数值及其名称。

```
dummy.state_dict()
```

输出：

```
OrderedDict([('linear.weight', tensor([[0.7645]], device='cuda:0')),
             ('linear.bias', tensor([0.8300], device='cuda:0'))])
```

请注意，偏差和权重都有一个带**属性名称的前缀**：linear，来自__init__方法中的 self.linear。

▶▶ 序列(Sequential)模型

模型很简单……您可能会想："为什么还要为它构建一个类?"。

对于使用**一系列内置 PyTorch 模型**(如 Linear)的**简单模型**，其中一个模型的输出被有序地输入到下一个模型，可以使用 Sequential 模型。

在我们的例子中，将构建一个单参数的序列模型，即用来训练线性回归的线性模型。该模型如下所示：

Notebook 单元 1.12–使用 PyTorch 的序列模型构建模型

```
torch.manual_seed(42)
#或者还可以使用 Sequential 模型
model = nn.Sequential(nn.Linear(1, 1)).to(device)

model.state_dict()
```

输出：

```
OrderedDict([('0.weight', tensor([[0.7645]], device='cuda:0')),
             ('0.bias',tensor([0.8300], device='cuda:0'))])
```

整个流程很简单。

我们一直在谈论**其他模型内部中的模型**，这可能很快就会让人感到困惑，所以按照惯例这里将任何内部模型称为**层**。

 层

Linear 模型可以看作是神经网络中的一**层**。

在如图 1.8 所示的例子中，**隐藏层**是 nn.Linear(3，5)（因为它需要 3 个输入——来自输入层——并产生 5 个输出），**输出层**是 nn.Linear(5，1)（因为它需要 5 个输入——隐藏层的输出——并产生 1 个输出）。

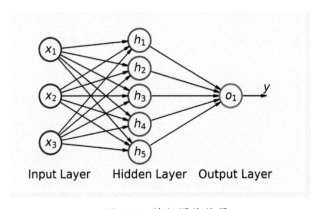

● 图 1.8　神经网络的层

如果使用 Sequential 来构建它，代码如下：

```
torch.manual_seed(42)
#根据图 1.8 构建模型
model = nn.Sequential(nn.Linear(3, 5), nn.Linear(5, 1)).to(device)

model.state_dict()
```

输出：

```
OrderedDict([('0.weight', tensor([[ 0.4414,  0.4792, -0.1353],
                                   [ 0.5304, -0.1265,  0.1165],
                                   [-0.2811,  0.3391,  0.5090],
                                   [-0.4236,  0.5018,  0.1081],
                                   [ 0.4266,  0.0782,  0.2784]], device='cuda:0')),
             ('0.bias',
              tensor([-0.0815,  0.4451,  0.0853, -0.2695,  0.1472], device='cuda:0')),
             ('1.weight',
              tensor([[-0.2060, -0.0524, -0.1816,  0.2967, -0.3530]], device='cuda:0')),
             ('1.bias', tensor([-0.2062], device='cuda:0'))])
```

由于此序列模型**没有属性名称**，因此 state_dict( ) 使用**数字前缀**。

您还可以使用模型的 add_module( ) 方法来**命名层**：

```
torch.manual_seed(42)
#根据图 1.8 构建模型
model = nn.Sequential()
model.add_module('layer1', nn.Linear(3, 5))
model.add_module('layer2', nn.Linear(5, 1))
model.to(device)
```

输出：

```
Sequential(
  (layer1): Linear(in_features=3, out_features=5, bias=True)
  (layer2): Linear(in_features=5, out_features=1, bias=True)
)
```

PyTorch 可以使用**许多**不同的层，具体如下：

- 卷积层。
- 池化(pooling)层。
- 填充(padding)层。
- 非线性激活层。
- 归一化层。
- 循环层。
- Transformer 层。
- 线性层。
- 丢弃层。
- 稀疏层(嵌入)。
- 视觉层。
- 数据平行层(多 GPU)。
- 展平(flatten)层。

到目前为止，只使用了 Linear 层。在接下来的章节中，将使用许多其他层，如卷积层、池化层、填充层、展平层、丢弃层和非线性激活层。

 归纳总结

到目前为止，已经涵盖了很多内容，从使用梯度下降**在 Numpy 中编写线性回归**，到逐步将其转换为 **PyTorch 模型**。

现在是时候将它们归纳总结了，并将代码组织成 **3 个基本部分**，即：

- **数据准备（不是数据生成）。**
- **模型配置。**
- **模型训练。**

按顺序处理这 3 个部分。

▶▶ 数据准备

说实话，此时没有太多的数据准备工作。在 **Notebook 单元 1.1** 中，生成我们的数据点后，到目前为止执行的唯一准备步骤是将 Numpy 数组转换为 PyTorch 张量，如 **Notebook 单元 1.3** 中的那样，下面是对该步骤的再现：

定义（*数据准备* V0）：

```
%%writefile data_preparation/v0.py

device = 'cuda' if torch.cuda.is_available() else 'cpu'

#数据在 Numpy 数组中
#需要将它们转换为 PyTorch 的张量
#然后将它们发送到所选设备
x_train_tensor = torch.as_tensor(x_train).float().to(device)
y_train_tensor = torch.as_tensor(y_train).float().to(device)
```

运行（*数据准备* V0）：

```
%run -i data_preparation/v0.py
```

当开始使用 **Dataset** 和 **DataLoader** 类时，这部分将在第 2 章中变得更加有趣。

Jupyter 的魔法命令

您可能注意到，上面的代码中有些不寻常的%%writefile 和%run 命令。这些是内置的魔法命令[47]，是一种扩展 Notebook 功能的捷径。

使用以下两个魔法命令来更好地组织代码：

- %%writefile[48]：顾名思义，它将单元的内容写入文件，但**不运行它**，所以需要使用另一种魔法。

- %run[49]：它将 Notebook 中的命名文件作为程序运行，但**独立于 Notebook 的其余部分**，因此需要使用**-i** 选项使所有变量都可用，包括 Notebook 和文件中的所有变量(从技术上讲，该文件在 IPython 的命名空间中执行)。

简而言之，包含 3 个基本部分之一的单元，将被写入与该部分对应的文件夹内的一个版本文件中。

在上面的示例中，将单元写入 **data_preparation** 文件夹，将其命名为 **v0.py**，然后使用%run -i 魔法命令运行它。

 "将单元保存到这些文件的目的是什么?"

我们知道必须运行**完整的程序**来**训练模型**：数据准备、模型配置和模型训练。在第 2 章中，将逐步改进这些部分，在每个相应的文件夹中对它们进行版本控制。因此，将它们**保存到文件中**，可以使用不同的版本来**运行一个完整的程序**，**而不必重复编写代码**。

假设首先开始改进**模型配置**(我们将在第 2 章中做到这一点)，但其他两部分仍然相同，如何运行完整的程序? 使用**魔法命令**，代码如下：

```
%run -i data_preparation/v0.py
%run -i model_configuration/v1.py
%run -i model_training/v0.py
```

由于使用了-i 选项，它的工作方式与将文件中的代码复制到一个单元中并执行它完全一样。

▶▶ 模型配置

我们已经看到了有关这部分的很多内容：从手动定义参数 b 和 w，然后使用 Module 类将它们包裹起来，再到在 Sequential 模型中使用**层**。我们还为特定**线性回归**模型定义了**损失函数**和**优化器**。

为了组织代码，我们将在模型配置部分包含以下元素：

- 一个**模型。**
- 一个**损失函数**(需要根据您的模型选择)。
- 一个**优化器**(虽然有些人可能不同意这个选择，但它使我们更容易进一步组织代码)。

大多数相应的代码可以在 **Notebook 单元 1.10** 的第 1~15 行中找到，但使用 Notebook 单元 1.12 中的 Sequential 模型替换 ManualLinearRegression 模型：

定义(模型配置 V0)：

```
1   %%writefile model_configuration/v0.py
2
3   #现在这是多余的
4   #但是当引入 Datasets 时就不会了
5   device = 'cuda' if torch.cuda.is_available() else 'cpu'
6
7   #设置学习率
```

```
8   lr = 0.1
9
10  torch.manual_seed(42)
11  #现在可以创建一个模型，并立即将其发送到设备
12  model = nn.Sequential(nn.Linear(1, 1)).to(device)
13
14  #定义 SGD 优化器来更新参数
15  #现在直接从模型中检索
16  optimizer = optim.SGD(model.parameters(), lr=lr)
17
18  #定义 MSE 损失函数
19  loss_fn = nn.MSELoss(reduction='mean')
```

运行（模型配置 V0）：

```
%run -i model_configuration/v0.py
```

▶▶ 模型训练

这是最后一部分，在这里进行实际的训练。它循环运行在本章开头看到的**梯度下降步骤**：

- 第 1 步：计算**模型的预测**。
- 第 2 步：计算**损失**。
- 第 3 步：计算**梯度**。
- 第 4 步：更新**参数**。

这个顺序被反复执行，直至达到**周期的数量**。这部分的相应代码也来自 **Notebook 单元 1. 10** 的第 17~35 行。

 "随机初始化步骤发生了什么?"

由于不再手动创建参数，因此在模型创建期间，在**每一层内部**处理初始化。

定义（模型训练 V0）：

```
1   %%writefile model_training/v0.py
2
3   #定义周期数
4   n_epochs = 1000
5
6   for epoch in range(n_epochs):
7       #设置训练模式
8       model.train()
9
10      #第 1 步:计算模型的预测输出——前向传递
11      yhat = model(x_train_tensor)
12
13      #第 2 步:计算损失
14      loss = loss_fn(yhat, y_train_tensor)
```

```
15
16    #第 3 步:计算参数 b 和 w 的梯度
17    loss.backward()
18
19    #第 4 步:使用梯度和学习率更新参数
20    optimizer.step()
21    optimizer.zero_grad()
```

运行(模型训练 V0):

```
%run -i model_training/v0.py
```

最后一项任务是检查,以确保一切正常:

```
print(model.state_dict())
```

输出:

```
OrderedDict([('0.weight', tensor([[1.9690]], device='cuda:0')),
             ('0.bias', tensor([1.0235], device='cuda:0'))])
```

现在,仔细观察**训练循环中**的代码。

我有个问题要问您……

 "如果使用**不同的优化器**、**损失**甚至**模型**,会**改变**这段代码吗?"

在给您答案之前,让我先谈谈您可能想到的另一件事:"这一切有什么意义?"

在第 2 章中,将使用更多的 PyTorch 类(如 **Dataset** 和 **DataLoader** 等)来进一步完善**数据准备步骤**,我们还将尝试**将模板代码减少**到最低限度。因此,将代码分成 3 个逻辑部分能够更好地处理这些改进。

因此,**答案**是:**不会**,循环内的代码**不会改变**。

 回顾

首先,**恭喜您已经成功地在 PyTorch 中实现了一个功能齐全的模型**和**训练循环**。

在第 1 章中介绍了很多内容,具体如下:

- 在 Numpy 中使用**梯度下降**实现线性回归。
- 在 PyTorch 中创建**张量**,将它们发送到**设备**上,并从中生成**参数**。
- 了解 PyTorch 的主要功能 **Autograd**,以使用其相关属性和方法(如 backward、grad、zero_ 和 no_grad 等)执行自动微分。
- 可视化与一系列操作相关的**动态计算图**。
- 创建一个**优化器**用以同时更新多个参数,使用它的 step 和 zero_grad 方法。
- 使用 PyTorch 的高阶函数创建**损失函数**(第 2 章会详细介绍该主题)。

- 了解 PyTorch 的 Module 类并创建自己的**模型**，实现__init__和 forward 方法并利用其内置参数及 state_dict 方法。
- 使用上述元素将原来的 Numpy 实现转换为 **PyTorch** 实现。
- 认识到在**训练循环**中包含 model.train( ) 的重要性(永远不要忘记这一点)。
- 使用 PyTorch 的**层**实现**嵌套**和**序列**模型。
- 将所有代码组合成整齐有序的代码，并分为 **3 个不同的部分**：数据准备、模型配置和模型训练。

您现在已经为第 2 章做好了准备：我们将看到 PyTorch 的**更多**功能，也将**进一步开发训练循环**，以便它可以用于不同的问题和模型。您将构建自己的小型库，用于训练深度学习模型。

扩展阅读

文中提到的阅读资料(网址)请读者按照本书封底的说明方法自行下载。

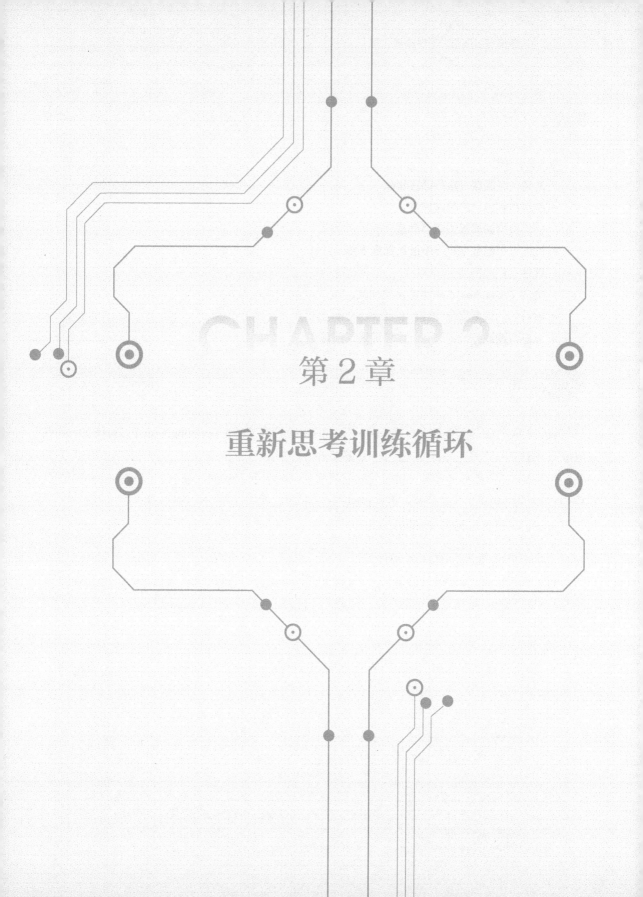

第 2 章

重新思考训练循环

剧透

在本章，将：

- 构建一个**函数**来执行**训练步骤**。
- 实现我们**自己的数据集类**。
- 使用**数据加载器生成小批量**。
- 构建一个**函数**来执行**小批量梯度下降**。
- **评估**我们的模型。
- 集成 **TensorBoard** 来监控模型训练。
- 将我们的模型**保存/检查点**（**checkpoint**）到磁盘。
- 从磁盘**加载**我们的模型以**恢复训练**或**部署**。

Jupyter Notebook

与第 2 章[50]相对应的 Jupyter Notebook 是 GitHub 上官方"**Deep Learning with PyTorch Step-by-Step**"资料库的一部分。您也可以直接在**谷歌 Colab**[51]中运行它。

如果您使用的是**本地安装**，请打开您的终端或 Anaconda Prompt，导航到您从 GitHub 复制的 PyTorchStepByStep 文件夹。然后，**激活** pytorchbook 环境，并运行 Jupyter Notebook：

```
$ conda activate pytorchbook

(pytorchbook) $ jupyter notebook
```

如果您使用 Jupyter 的默认设置，这个链接（http://localhost:8888/notebooks/Chapter02.ipynb）应该会打开第 2 章的 Notebook。如果没有，只需单击 Jupyter 主页中的"Chapter02.ipynb"。

 导入

为了便于组织，在任何一章中使用的所有代码所需的库都在其开始时导入。在本章，需要导入以下的库：

```
import numpy as np
from sklearn.linear_model import LinearRegression

import torch
import torch.optim as optim
import torch.nn as nn
from torch.utils.data import Dataset, TensorDataset, DataLoader
from torch.utils.data.dataset import random_split
from torch.utils.tensorboard import SummaryWriter
```

```
import matplotlib.pyplot as plt
% matplotlib inline
plt.style.use('fivethirtyeight')
```

重新思考训练循环

我们以一个重要的问题结束了上一章：

"如果使用**不同的优化器**、**损失函数**甚至**模型**，训练循环中的代码会发生**变化**吗？"

答案：**不会**。

但是在上一章中并没有真正详细解释它，所以现在就开始吧。

模型训练涉及 **4 个梯度下降步骤**(或一个训练步骤)的循环，无论使用哪种**模型**、**损失函数**或**优化器**，这些步骤总是相同的(可能有例外，但对本书来说总是相同的)。

再看一下代码：

运行(数据生成和准备，模型配置)：

```
%run -i data_generation/simple_linear_regression.py
%run -i data_preparation/v0.py
%run -i model_configuration/v0.py
```

运行(模型训练 V0)：

```
1   # %load model_training/v0.py
2
3   #定义周期数
4   n_epochs = 1000
5
6   for epoch in range(n_epochs):
7       #设置模型为训练模式
8       model.train()
9
10      #第 1 步:计算模型的预测输出——前向传递
11      #不再需要手动预测
12      yhat = model(x_train_tensor)
13
14      #第 2 步:计算损失
15      loss = loss_fn(yhat, y_train_tensor)
16
17      #第 3 步:计算参数 a 和 b 的梯度
18      loss.backward()
19
20      #第 4 步:使用梯度和学习率更新参数
```

```
21      optimizer.step()
22      optimizer.zero_grad()

print(model.state_dict())
```

输出：

```
OrderedDict([('0.weight', tensor([[1.9690]], device='cuda:0')),
             ('0.bias', tensor([1.0235], device='cuda:0'))])
```

所以，我想说所有这些代码行(7~22)都**执行了一个训练步骤**。对于**模型**、**损失函数**和**优化器**的给定组合，它将**特征**和相应的**标签**作为参数。

编写一个函数，使其接收一个模型、一个损失函数和一个优化器，并返回另一个执行训练步骤的函数，结果如何呢？后者将把特征和相应的标签作为参数，并返回相应的损失。

　　"等等；什么?!一个可以返回另一个函数的函数？"

听起来很复杂，不过，它并没有听起来那么糟糕……这就是所谓的**高阶函数**，它对于减少模板代码非常有用。

如果您熟悉高阶函数的概念，请随意跳过这部分内容。

高阶函数

尽管这更像是一个编程主题，但我认为有必要很好地掌握高阶函数的工作原理，以充分理解 Python 的功能，并使代码发挥出最佳效果。

我将用一个例子来说明高阶函数，以便您能够获得关于它的**实用知识**，但我不会深入研究这个主题，因为它超出了本书的知识范围。

假设想要构建**一系列函数**，每个函数都执行给定幂的指数运算，代码如下所示：

```
def square(x):
    return x ** 2


def cube(x):
    return x ** 3


def fourth_power(x):
    return x ** 4

......
```

嗯，很明显，这里面有一个**更高的结构**：

- **每个函数都有一个参数** x，这是我们想要指数化的数字。
- **每个函数都执行相同的运算**，即指数运算，但每个函数的指数不同。

解决这个问题的一种方法是**使指数成为显式参数**，就像下面的代码一样：

```
def generic_exponentiation(x, exponent):
    return x ** exponent
```

这完全没问题，而且效果很好。但它还要求您在每次调用函数时指定指数。**一定有别的办法**。当然有，这就是本节的目的。

我们需要**构建另一个（高阶）函数来构建这些函数**（如平方、立方等）。（高阶）函数只是一个**函数构建器**，但该怎么做呢？

首先，构建试图生成的函数的"骨架"：它们**都接收一个参数 x**，并且它们**都执行指数运算**，每个都使用不同的指数。

它应该如下所示：

```
def skeleton_exponentiation(x):
    return x ** exponent
```

如果您尝试使用任何 x **调用此函数**，如 skeleton_exponentiation(2)，您将收到以下**错误**：

```
skeleton_exponentiation(2)
```

输出：

```
NameError: name 'exponent' is not defined
```

这是意料之中的。您的"骨架"函数**不知道变量 exponent 是什么**，这就是高阶函数要完成的任务。

用一个高阶函数来**"包裹"骨架函数**（它将构建所需的函数），称它为 exponentiation_builder，相当难以想象。如果有的话，**它的参数**是什么？我们试图**告诉骨架函数它的指数应该是什么**，所以从它开始。

```
def exponentiation_builder(exponent):
    def skeleton_exponentiation(x):
        return x ** exponent

    return skeleton_exponentiation
```

现在我想让您看一下（外层）**return 语句**。它**没有返回值**，而是**返回骨架函数**。毕竟这是一个函数生成器：它应该构建（并返回）函数。

如果用一个给定的指数（如 2）调用这个高阶函数会发生什么？代码如下。

```
returned_function = exponentiation_builder(2)

returned_function
```

输出：

```
<function __main__.exponentiation_builder.<locals>.skeleton_
exponentiation(x)>
```

结果正如预期的那样，是一个**函数**。这个函数有什么作用？它应该解决它的参数……让我们检查一下：

```
returned_function(5)
```

输出：

```
25
```

这样我们就有了一个函数生成器，可以用它来创建任意数量的指数函数：

```
square = exponentiation_builder(2)
cube = exponentiation_builder(3)
fourth_power = exponentiation_builder(4)

......
```

 "这如何应用于训练循环?"您可能会问。

做一些类似于训练循环的事情：与高阶函数的指数参数等效的是**模型**、**损失函数**和**优化器**的组合。每次为一组不同的**特征**和**标签**执行训练步骤时，它们相当于骨架函数中的 x 参数，使用相同的模型、损失和优化器。

▶▶ 训练步骤

如前所述，构建训练步骤函数的高阶函数采用了训练循环的关键元素：**模型**、**损失函数**和**优化器**。实际要返回的训练步骤函数将有两个参数，**特征**和**标签**，并将返回相应的**损失值**。

除了返回损失值之外，下面的内部 perform_train_step() 函数与**模型训练 V0** 中循环内的代码完全相同，代码如下所示：

辅助函数 1：

```
1  def make_train_step(model, loss_fn, optimizer):
2      #构建在训练循环中执行一个步骤的函数
3      def perform_train_step(x, y):
4          #设置模型为训练模式
5          model.train()
6
7          #第1步:计算模型的预测输出——前向传递
8          yhat = model(x)
9          #第2步:计算损失
10         loss = loss_fn(yhat, y)
11         #第3步:计算参数 a 和 b 的梯度
12         loss.backward()
13         #第4步:使用梯度和学习率更新参数
14         optimizer.step()
15         optimizer.zero_grad()
```

```
16
17       #返回损失
18       return loss.item()
19
20    #返回将在训练循环内调用的函数
21    return perform_train_step
```

然后需要更新**模型配置**代码(在下面的代码片段中添加第 19 行),以调用这个高阶函数来构建一个 train_step 函数。但是需要先运行一个数据准备脚本。

运行(数据准备 V0):

```
%run -i data_preparation/v0.py
```

定义(模型配置 V1):

```
1    %%writefile model_configuration/v1.py
2
3    device = 'cuda' if torch.cuda.is_available() else 'cpu'
4
5    #设置学习率
6    lr = 0.1
7
8    torch.manual_seed(42)
9    #现在可以创建一个模型并立即将其发送到设备
10   model = nn.Sequential(nn.Linear(1, 1)).to(device)
11
12   #定义 SGD 优化器来更新参数
13   optimizer = optim.SGD(model.parameters(), lr=lr)
14
15   #定义 MSE 损失函数
16   loss_fn = nn.MSELoss(reduction='mean')
17
18   #为模型、损失函数和优化器创建 train_step 函数
19   train_step = make_train_step(model, loss_fn, optimizer)        ①
```

注:
① 创建一个执行训练步骤的函数。

运行(模型配置 V1):

```
%run -i model_configuration/v1.py
```

检查一下 train_step 函数。

```
train_step
```

输出:

```
<function __main__.make_train_step.<locals>.perform_train_step(x, y)>
```

现在需要更新**模型训练**,以调用新创建的函数来替换循环内的代码。

代码如下,看到现在的训练循环有多么**小**了吗?大量的**模板**代码现在都在 make_train_step 辅助

函数里面了。

定义(模型训练 V1)：

```
1   %%writefile model_training/v1.py
2
3   #定义周期数
4   n_epochs = 1000
5
6   losses = []                                                    ②
7
8   #对于每个周期……
9   for epoch in range(n_epochs):
10      #执行一个训练步骤并返回相应的损失
11      loss = train_step(x_train_tensor, y_train_tensor)          ①
12      losses.append(loss)                                        ②
```

注：

① 执行一个训练步骤。

② 跟踪训练损失。

运行(模型训练 V1)：

```
%run -i model_training/v1.py
```

除了摆脱模板代码之外，代码中还引入了另一处修改。现在跟踪**损失**值。对于每个周期，最后计算的损失添加到一个列表中。

"添加到一个列表中？这好像不是很先进……"

事实上，确定不是。但请多多包涵，我们很快就会用更好的东西代替它。

在更新了 3 个基本部分中的两个之后，目前的发展状态是：

- **数据准备 V0。**
- **模型配置 V1。**
- **模型训练 V1。**

如何检查修改是否没有引入任何错误？可以检查模型的 state_dict()：

```
#检查模型的参数
print(model.state_dict())
```

输出：

```
OrderedDict([('0.weight', tensor([[1.9690]], device='cuda:0')),
             ('0.bias', tensor([1.0235], device='cuda:0'))])
```

让训练循环"休息"一下，现在关注一下**数据**……到目前为止，只是简单地将 Numpy 数组转换为 **PyTorch 张量**。但可以做得更好，比如可以建立一个……

Dataset

在 PyTorch 中，数据集由继承自 Dataset 类的常规 **Python 类**表示。您可以把它想象成**一个元组列表**，每个元组对应**一个点**（**特征、标签**）。

它需要实现的最基本的方法是：

- __init__（self）：它接收构建**元组列表**所需的**任何参数**——它可能是一个将被加载和处理的 CSV 文件的名称；也可能是两个张量，一个用于特征，另一个用于标签；或其他任何东西，具体取决于当前的任务。

 无须在构造方法（__init__）**中加载整个数据集**。如果您的**数据集很大**（如成千上万的图像文件），那么一次加载它不会节省内存，建议**按需加载它们**（每当调用__get_item__时）。

- __get_item__（self，index）：它允许对数据集进行**索引**，以便它可以**像列表**（dataset[i]）一样工作——它必须**返回**对应于请求数据点的**元组**（**特征，标签**）。可以返回**预先加载**数据集的**相应切片**，或者如上所述，**按需加载它们**（就像[52]所示的例子那样）。

- __len__（self）：它应该简单地返回整个数据集的**大小**，因此，无论何时对其进行采样，其索引都仅限于实际大小。

构建一个简单的自定义数据集，它需要两个张量作为参数：一个用于特征，一个用于标签。对于任何给定的索引，数据集类将返回每个张量的相应切片，代码如下所示：

Notebook 单元 2.1-创建自定义数据集

```
class CustomDataset(Dataset):
    def __init__(self, x_tensor, y_tensor):
        self.x = x_tensor
        self.y = y_tensor

    def __getitem__(self, index):
        return (self.x[index], self.y[index])

    def __len__(self):
        return len(self.x)

#等一下,这是一个 CPU 张量吗? 为什么?.to(device)在哪里
x_train_tensor = torch.from_numpy(x_train).float()
y_train_tensor = torch.from_numpy(y_train).float()

train_data = CustomDataset(x_train_tensor, y_train_tensor)
print(train_data[0])
```

输出：

```
(tensor([0.7713]), tensor([2.4745]))
```

您是否注意到使用 Numpy 数组构建了**训练张量**，但**没有将它们发送到设备**？所以，它们现在是 **CPU** 张量。**为什么**？我们**不希望整个训练数据都加载到 GPU 张量中**，就像迄今为止在示例中所做的那样，因为**它占用了**宝贵的**显卡内存空间**。

 TensorDataset

再次，您可能会想，为什么要在一个类中包裹几个张量呢？又一次，您说得有道理……如果一个数据集只不过是**几个张量**，可以使用 PyTorch 的 TensorDataset 类，它的作用与上面的自定义数据集几乎相同。

所以，现在成熟的**自定义数据集类**可能看起来有些牵强，但我们将在后面的章节中重复使用这种结构。下面享受一下 TensorDataset 类的简单性。

Notebook 单元 2.2–从张量创建数据集

```
train_data = TensorDataset(x_train_tensor, y_train_tensor)
print(train_data[0])
```

输出：

```
(tensor([0.7713]), tensor([2.4745]))
```

很好，但话又说回来，为什么要构建数据集呢？这样做是因为我们想使用——

 DataLoader

到目前为止，在每个训练步骤都使用了**整个训练数据**。它一直是**批量梯度下降**。当然，这对于**非常小的数据集**来说很好，但是如果想认真对待这一切，**必须**使用**小批量**梯度下降。因此，需要小批量。所以，需要相应地对数据集进行拆分。

可以使用 PyTorch 的 DataLoader 类来完成这项工作。告诉它要使用哪个**数据集**（我们刚刚在上一节中构建的那个）、所需的**小批量大小**，以及是否愿意对其进行**打乱**。

　　重要提示：在绝大多数情况下，**应该**为您的**训练集**设置 shuffle = True，以提高梯度下降的性能。但是，也有一些例外，如时间序列问题，其中打乱实际上会导致数据泄漏。

所以，我总是问自己："**我有理由不打乱数据吗？**""**验证集和测试集呢？**"**没有必要**对它们进行**打乱**，因为**没有**用它们**计算梯度**。

　　DataLoader 的功能远不止眼前所见，如还可以将它与**采样器**一起使用，以获取补偿**不平衡类**的小批量。现在要处理的事情太多了，但最终都会做到的。

我们的**加载器**将表现得像一个**迭代器**，所以可以**循环使用它**，并每次**获取不同的小批量**。

　　"*我如何选择小批量大小？*"

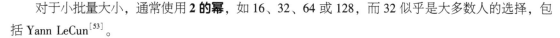

对于小批量大小，通常使用 **2 的幂**，如 16、32、64 或 128，而 32 似乎是大多数人的选择，包括 Yann LeCun[53]。

一些更复杂的模型可能使用更大的尺寸，尽管尺寸通常受到硬件限制(即实际装入内存的数据点数量)。

在我们的示例中，只有 80 个训练点，因此我选择了 16 的小批量大小，以方便将训练集拆分为 5 个小批量。

Notebook 单元 2.3-为训练数据构建数据加载器

```
train_loader =DataLoader(dataset=train_data, batch_size=16, shuffle=True)
```

要检索一个小批量，可以简单地运行以下命令。它将返回一个包含两个张量的列表，一个用于特征，另一个用于标签：

```
next(iter(train_loader))
```

输出：

```
[tensor ([[0.1196],
        [0.1395],
        ...
        [0.8155],
        [0.5979]]), tensor([[1.3214],
        [1.3051],
        ...
        [2.6606],
        [2.0407]])]
```

"为什么不使用**列表**呢?"

如果您调用 list(train_loader)，会得到一个列表；结果是一个包含 5 个元素的列表，即所有的 5 个小批量。然后，可以使用该列表的第一个元素来获取单个小批量，如上例所示。这会破坏使用 **DataLoader** 提供的**可迭代**对象的目的，即**一次**迭代一个元素(在这种情况下是小批量)。

要了解更多信息，请查看 RealPython 的 iterables[54]和 iterators[55]资料。到目前为止，该如何改变代码? 让我们来看看。

首先，需要将 **Dataset** 和 **DataLoader** 元素添加到代码的**数据准备**部分。另外，请注意，还**没有**将张量发送到设备上(就像在 **Notebook 单元 2.1** 中所做的那样)，代码如下所示：

定义(数据准备 V1)：

```
1  %%writefile data_preparation/v1.py
2
3  #数据在 Numpy 数组中
4  #但需要将它们转换为 PyTorch 的张量
5  x_train_tensor = torch.from_numpy(x_train).float()
6  y_train_tensor = torch.from_numpy(y_train).float()
```

```
7
8    #构建 Dataset
9    train_data = TensorDataset(x_train_tensor, y_train_tensor)                          ①
10
11   #构建 DataLoader
12   train_loader = DataLoader(dataset=train_data, batch_size=16, shuffle=True)          ②
```

注：

① 构建一个张量数据集。

② 构建一个生成大小为 16 的小批量数据加载器。

运行(数据准备 V1)：

```
%run -i data_preparation/v1.py
```

接下来，我们需要将**小批量**梯度下降逻辑合并到代码的**模型训练**部分，但我们需要先运行模型配置。

运行(模型配置 V1)：

```
%run -i model_configuration/v1.py
```

定义(模型训练 V2)：

```
1    %%writefile model_training/v2.py
2
3    #定义周期数
4    n_epochs = 1000
5
6    losses = []
7
8    #对于每个周期……
9    for epoch in range(n_epochs):
10       #内循环
11       mini_batch_losses = []                                                          ④
12       for x_batch, y_batch in train_loader:                                           ①
13           #数据集"存在"于 CPU 中,小批量也是如此
14           #因此,需要将这些小批量
15           #发送到模型"存在"的设备
16           x_batch = x_batch.to(device)                                                ②
17           y_batch = y_batch.to(device)                                                ②
18
19           #执行一个训练步骤
20           #并返回此小批量的相应损失
21           mini_batch_loss = train_step(x_batch, y_batch)                              ③
22           mini_batch_losses.append(mini_batch_loss)                                   ④
23
24       #计算所有小批量的平均损失——这就是周期损失
25       loss = np.mean(mini_batch_losses)                                               ⑤
26
27       losses.append(loss)
```

注：

① 小批量内循环。

② 发送一个小批量到设备上。

③ 执行训练步骤。

④ 跟踪每个小批量内的损失。

⑤ 求小批量损失的平均值以获得时期的损失。

运行(模型训练 V2)：

```
%run -i model_training/v2.py
```

"哇! 这里发生了什么?!"

似乎发生了很大变化，让我们一步一步仔细看看：

- 添加了一个**内循环**来处理 DataLoader 生成的**小批量**(第 12 行)。
- **只向设备发送了一个小批量**，而不是发送整个训练集(第 16 行和第 17 行)。

对于更大的数据集，在 **Dataset** 的__get_item__方法中**按需加载数据**(到 CPU 张量中)，然后将属于同一**小批量**的所有数据点**立刻**发送到**您的 GPU**(设备)上，这是充分利用**显卡内存的好方法**。此外，如果您有**许多 GPU** 来训练模型，最好保持您的数据集"与设备无关"，并在训练期间将批次分配给不同的 GPU。

- 在一个小批量(第 21 行)上执行了一个 train_step，并将相应的损失附加到一个列表中(第 22 行)。
- 在遍历所有小批量之后，即在一个**周期**结束时，计算了该周期的总损失，这是所有小批量的平均损失，并将结果附加到一个列表中(第 25 和 27 行)。

再经过两次更新，目前的发展状态是：

- **数据准备 V1**。
- **模型配置 V1**。
- **模型训练 V2**。

没那么糟糕，对吧? 所以，是时候检查代码是否仍然可以正常工作了：

```
#检查模型的参数
print(model.state_dict())
```

输出：

```
OrderedDict([('0.weight', tensor([[1.9684]], device='cuda:0')),
             ('0.bias', tensor([1.0235], device='cuda:0'))])
```

您得到的值是否略有不同? 尝试再次运行整个管道：

完整的管道：

```
%run -i data_preparation/v1.py
%run -i model_configuration/v1.py
%run -i model_training/v2.py
```

由于 **DataLoader** 抽取随机样本，因此在管道的最后两个步骤之间执行其他代码可能会干扰结果的可重复性。无论如何，只要您的结果与我的权重和偏差相差小于 0.01，您的代码就可以正常工作。

您是否注意到现在训练的时间**更长**了？能猜到**为什么**吗？

答案：现在训练时间**更长**了，因为每个周期执行了 **5 次**内循环（在我们的示例中，由于使用大小为 16 的小批量，并且总共有 80 个训练数据点，执行内循环 80 / 16 = 5 次）。所以，现在总共调用了 train_step **5000 次**，难怪它需要更长的时间。

▶▶ 小批量内循环

从现在开始，无论是在本书中还是在现实生活中，您都不太可能再次使用（**完整的**）**批量梯度下降**。所以，再次将一段要被重复使用的代码组织到自己的函数（**小批量内循环**）中是很有意义的。

内循环取决于**以下 3 个元素**：

- 数据发送到的**设备**。
- 从中提取小批量的**数据加载器**。
- 一个**步骤函数**，返回相应的损失。

将这些元素作为输入，并使用它们执行内循环，将得到如下函数：

辅助函数 2：

```
1  def mini_batch(device, data_loader, step):
2      mini_batch_losses = []
3      for x_batch, y_batch in data_loader:
4          x_batch = x_batch.to(device)
5          y_batch = y_batch.to(device)
6
7          mini_batch_loss = step(x_batch, y_batch)
8          mini_batch_losses.append(mini_batch_loss)
9
10      loss = np.mean(mini_batch_losses)
11      return loss
```

在上一节中，我们意识到由于小批量内循环，每个周期执行了 **5 倍以上的更新**（train_step 函数）。以前，1000 个周期意味着 1000 次更新；现在，只需要 **200 个周期**来执行相同的 1000 次更新。

训练循环现在看起来如何？**非常**精简。

运行（数据准备 V1，模型配置 V1）：

```
%run -i data_preparation/v1.py
%run -i model_configuration/v1.py
```

定义（模型训练 V3）：

```
1    %%writefile model_training/v3.py
2
3    #定义周期数
4    n_epochs = 200
5
6    losses = []
7
8    for epoch in range(n_epochs):
9        #内循环
10       loss = mini_batch(device, train_loader, train_step)        ①
11       losses.append(loss)
```

注：

① 进行小批量梯度下降。

运行(模型训练 V3)：

```
%run -i model_training/v3.py
```

在更新模型训练部分后，目前的发展状态是：

- **数据准备 V1**。
- **模型配置 V1**。
- **模型训练 V3**。

检查一下模型的状态：

```
#检查模型的参数
print(model.state_dict())
```

输出：

```
OrderedDict([ ('0.weight', tensor([[1.9687]], device='cuda:0')),
              ('0.bias', tensor([1.0236], device='cuda:0'))])
```

到目前为止，我们只关注训练数据。为它构建了一个数据集和一个数据加载器。我们可以对验证数据做同样的事情，使用在本书开头执行的拆分，或者可以使用 random_split 代替。

▶▶ 随机拆分

PyTorch 的 random_split( )方法是一种简单且成熟的执行**训练–验证拆分**的方法。

到目前为止，一直在使用基于 Numpy 原始拆分构建的 x_train_tensor 和 y_train_tensor 来构建**训练数据集**。现在，将使用来自 Numpy 的**完整数据**(x 和 y)。**首先**构建一个 PyTorch 数据集，然后才使用 random_split( )**拆分**数据。

那么，对于每个数据子集，构建了一个相应的 DataLoader，所以代码如下所示：

定义(数据准备 V2)：

```
1    %%wri2   tefile data_preparation/v2.py
2
3    torch.manual_seed(13)
```

```
4
5    #在拆分之前从 numpy 数组构建张量
6    x_tensor = torch.from_numpy(x).float()                                    ①
7    y_tensor = torch.from_numpy(y).float()                                    ①
8
9    #构建包含所有数据点的数据集
10   dataset = TensorDataset(x_tensor, y_tensor)
11
12   #执行拆分
13   ratio = .8
14   n_total = len(dataset)
15   n_train = int(n_total * ratio)
16   n_val = n_total - n_train
17
18   train_data, val_data = random_split(dataset, [n_train, n_val])            ②
19
20   #构建每个集合的加载器
21   train_loader = DataLoader(dataset=train_data, batch_size=16, shuffle=True)
22   val_loader = DataLoader(dataset=val_data, batch_size=16)                  ③
```

注：

① 从完整的数据集中生成张量(拆分前)。

② 在 PyTorch 中进行训练–验证拆分。

③ 为验证集创建数据加载器。

运行(数据准备 V2)：

```
%run -i data_preparation/v2.py
```

现在有了一个用于**验证集**的**数据加载器**，将它用于——

评估

如何**评估**模型？可以计算**验证**损失，即模型对**未见过的数据**的预测的错误程度。

首先，需要使用**模型**来计算**预测**，然后使用**损失函数**来计算损失，给定预测和真实标签。听起来很熟悉？这些几乎是作为**辅助函数 1** 构建**训练步骤函数**的**前两个步骤**。

因此，可以使用该代码作为起点，摆脱它的第 3 步和第 4 步，最重要的是，需要**使用模型的** eval( )**方法**。它唯一要做的就是将模型**设置为评估模式**[就像它的 train( )对应项所做的那样]。所以当模型需要执行一些操作时，可以相应地调整其行为，如丢弃(dropout)。

 "为什么设置模式如此重要？"

如上所述，丢弃(一种用于减少过拟合的常用正则化技术)是其主要方式，因为它要求模型在训练和评估期间表现**不同**。简而言之，丢弃在训练期间将一些**权重随机设置为零**。

如果这种行为在训练期间之外持续存在会发生什么？由于每次进行预测时，都会将不同的权重设置为零，因此对于**相同的输入**，最终可能会得到**不同的预测**。它会**破坏评估**，而且，如果部署的话，它也会**破坏用户的信心**。

我们**不希望这样**，所以使用 model.eval() 来防止它。就像新函数 make_train_step 一样，make_val_step 也是一个高阶函数。它的代码如下所示：

辅助函数 3：

```
1  def make_val_step_fn(model, loss_fn):
2      #在验证循环中构建执行步骤的函数
3      def perform_val_step(x, y):
4          #设置模型为评估模式
5          model.eval()                                    ①
6
7          #第 1 步：计算模型的预测输出——前向传递
8          yhat = model(x)
9          #第 2 步：计算损失
10         loss = loss_fn(yhat, y)
11         #因为在评估期间不更新参数
12         #所以无须计算第 3 步和第 4 步
13         return loss.item()
14
15     return perform_val_step
```

注：
① 将模型设置为评估模式。

然后，更新**模型配置**代码，包括为**验证步骤**创建相应的函数。

定义(模型配置 V2)：

```
1   %%writefile model_configuration/v2.py
2
3   device = 'cuda' if torch.cuda.is_available() else 'cpu'
4
5   #设置学习率
6   lr = 0.1
7
8   torch.manual_seed(42)
9   #现在可以创建模型并立即将其发送到设备
10  model = nn.Sequential(nn.Linear(1, 1)).to(device)
11
12  #定义 SGD 优化器来更新参数
13  optimizer = optim.SGD(model.parameters(), lr=lr)
14
15  #定义 MSE 损失函数
16  loss_fn = nn.MSELoss(reduction='mean')
17
18  #为模型、损失函数和优化器创建 train_step 函数
19  train_step = make_train_step(model, loss_fn, optimizer)
```

```
20
21    #为模型和损失函数创建 val_step 函数
22    val_step = make_val_step(model, loss_fn)                          ①
```

注：

① 创建一个执行验证步骤的函数。

运行(模型配置 V2)：

```
%run -i model_configuration/v2.py
```

最后，需要更改训练循环以包括对**模型的评估**。第一步是包含另一个内循环来处理来自验证加载器的小批量，将它们发送到与模型相同的设备。然后，在该内循环中，使用验证步骤函数来计算损失。

"等等，这看起来也有点眼熟……"

事实上，它在结构上与**小批量函数**(辅助函数 2)相同，所以再次使用它。

只有一个**小而重要**的细节需要考虑：还记得 no_grad( )吗？在第 1 章中使用它来避免在参数更新(手动)期间弄乱 PyTorch 的动态计算图。现在它正在卷土重来——需要用它来包裹新的验证的内循环：

torch.no_grad( )：尽管它不会对简单的模型产生影响，但最好使用此**上下文管理器**[56]**包裹验证**内循环，以**禁用**您可能无意触发的**任何梯度计算**——**梯度属于训练**，而不是验证步骤。

现在，训练循环应该是这样的：

定义(模型训练 V4)：

```
1    %%writefile model_training/v4.py
2
3    #定义周期数
4    n_epochs = 200
5
6    losses = []
7    val_losses = []                                                   ③
8
9    for epoch in range(n_epochs):
10       #内循环
11       loss = mini_batch(device, train_loader, train_step)
12       losses.append(loss)
13
14       #验证——验证中没有梯度
15       with torch.no_grad():                                         ①
16           val_loss = mini_batch(device, val_loader, val_step)       ②
17           val_losses.append(val_loss)                               ③
```

注：

① 使用 no_grad 作为上下文管理器，防止梯度计算。

② 执行验证步骤。

③ 跟踪验证损失。

运行(模型训练 V4):

```
%run -i model_training/v4.py
```

 在依次更新完所有部分后，目前的发展状态是：

- **数据准备 V2。**
- **模型配置 V2。**
- **模型训练 V4。**

检查一下模型的状态：

```
#检查模型的参数
print(model.state_dict())
```

输出：

```
OrderedDict([('0.weight', tensor([[1.9419]], device='cuda:0')),
             ('0.bias', tensor([1.0244], device='cuda:0'))])
```

▶▶ 绘制损失

训练期间的**训练**和**验证**损失如图 2.1 所示。

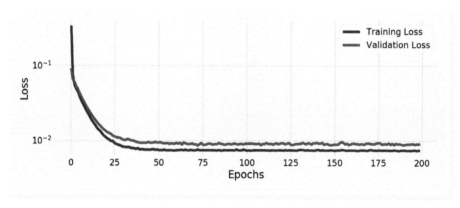

- 图 2.1 训练期间的训练和验证损失

您的图看起来不一样吗？尝试再次运行整个管道。

完整的管道：

```
%run -i data_preparation/v2.py
%run -i model_configuration/v2.py
%run -i model_training/v4.py
```

然后再绘制由此产生的损失。

很酷，对吧？但是，还记得在**训练步骤函数**中，当我提到将损失添加到列表中不是**很先进**的时候吗？是时候解决这个问题了。为了更好地可视化训练过程，可以利用——

TensorBoard

是的，TensorBoard 就是这么好。好到我们将使用一个来自竞争框架 Tensorflow 的工具。开个玩笑，TensorBoard 是一个非常有用的工具，PyTorch 为我们提供了类和方法以将其与模型集成。

▶▶ 在 Notebook 中运行

本部分适用于谷歌 Colab 和本地安装。

如果您使用的是**本地安装**，您可以在 Notebook 中运行 TensorBoard，也可以单独运行（查看下一节以获取说明）。

如果您选择使用谷歌 Colab 来学习本书，则**需要在 Notebook 中**运行 TensorBoard。幸运的是，使用一些 Jupyter **魔法命令**很容易做到这一点。

如果您使用的是 Binder，那么这个 Jupyter **魔法命令将不起作用**，原因超出了本节的知识范围。有关如何将 TensorBoard 与 Binder 一起使用的更多详细信息，请参阅后面的相应部分。

首先，需要为 Jupyter 加载 Tensorboard 的扩展。

加载扩展：

```
# Load the TensorBoard notebook extension
%load_ext tensorboard
```

然后，使用新的可用魔法命令运行 TensorBoard。

运行 TensorBoard：

```
%tensorboard --logdir runs
```

上面的魔法命令告诉 TensorBoard 在 logdir 参数指定的文件夹中查找日志：runs。因此，在您用于训练模型的 Notebook 所在的相同位置必须有一个 runs 文件夹。为了方便您使用，我在资料库中创建了一个 runs 文件夹，因此您已经可以立即使用它了。

如果您收到错误"**TypeError：Function expected**"，请切换到最新版本的浏览器，如 Firefox 或 Chrome。

您的 Notebook 会在一个单元中显示 TensorBoard，如图 2.2 所示。

它还没有显示任何东西，因为还没有在那里发送任何东西，所以它在 runs 文件夹中找不到任何数据。当向它发送一些数据时，它会自动更新，所以向 TensorBoard 发送一些数据吧。

如果您想了解更多关于在 Notebook 中运行 TensorBoard、配置选项等的信息，请查看它的官方指南[57]。

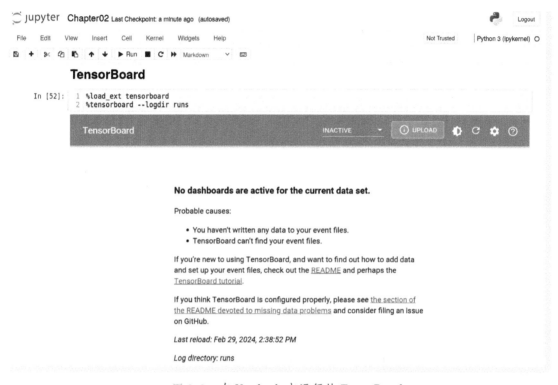

● 图 2.2　在 Notebook 中运行的 TensorBoard

▶▶ 单独运行(本地安装)

假设您按照**设置指南**安装了 TensorBoard，现在您需要打开一个新终端或 Anaconda Prompt，导航到您从 GitHub 复制的 PyTorchStepByStep 文件夹，再激活 pytorchbook 环境。

激活环境：

```
conda activate pytorchbook
```

然后您就能够运行 TensorBoard 了。

运行 TensorBoard：

```
(pytorchbook) $ tensorboard --logdir runs
```

上面的魔法命令告诉 TensorBoard 在 logdir 参数指定的文件夹中查找日志：runs。因此，在您用于训练模型的 Notebook 所在的位置必须有一个 runs 文件夹。为了方便起见，我在资料库中创建了一个 runs 文件夹，因此您已经可以立即使用它了。运行后，您会看到类似如下这样的消息(但 TensorBoard 的版本可能与您的不同)：

输出：

```
TensorFlow installation not found - running with reduced feature set.
Serving TensorBoard on localhost; to expose to the network,
```

```
use a proxy or pass --bind_all
TensorBoard 2.2.0 at http://localhost:6006/ (Press CTRL+C to quit)
```

您看，它"抱怨"没有找到 Tensorflow。尽管如此，它已经启动并运行了。如果把地址 http://localhost:6006/输入到您喜欢的浏览器上，可能会看到图 2.3 所示的内容。

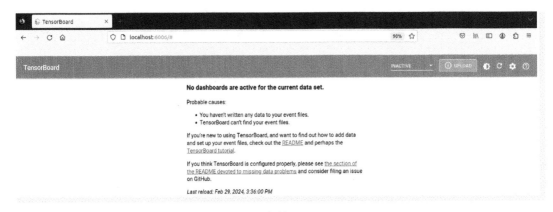

● 图 2.3　空的 TensorBoard

它还没有显示任何东西，因为它在 runs 文件夹中找不到任何数据，因为还没有在那里发送任何东西。当向它发送一些数据时，它会自动更新，所以向 TensorBoard 发送一些数据吧。

▶▶ 单独运行(Binder)

如果您选择使用 Binder 来阅读本书，则**需要**单独运行 TensorBoard。

但是您实际上不必做太多事情。配置 TensorBoard 以便在 Binder 的环境中运行有点棘手(它涉及 Jupyter 的服务器扩展)，所以我为您处理了这件事。

此外，我提供了一个**自动生成的链接**，它将**打开一个新的选项卡**，指向在您的 Binder 环境中运行的 TensorBoard 实例。

链接是这样的(实际的网址是现场生成的，这只是一个假的)：

https://notebooks.gesis.org/binder/jupyter/user/dvgodoy-pytorchstepbystep-xxxxxxxx/proxy/6006/

唯一的缺点是：TensorBoard 查找日志的**文件夹**是固定的：runs。

▶▶ SummaryWriter

这一切都从创建 SummaryWriter 开始。

SummaryWriter：

```
writer =SummaryWriter('runs/test')
```

由于我们告诉 TensorBoard 在 runs 文件夹中查找日志，因此只有**实际登录到该文件夹**才有意义。此外，为了能够区分不同的实验或模型，还应该指定一个子文件夹：test。

如果不指定任何文件夹，TensorBoard 将默认为 **runs/CURRENT＿DATETIME＿HOSTNAME**。如果您将来要查找实验结果，这不是一个好名字。

因此，建议**尝试以更有意义的方式命名它**，如 runs/test 或 runs/simple＿linear＿regression。然后它将在 runs 中创建一个子文件夹（在启动 TensorBoard 时指定的文件夹）。

更好的是，您应该以有意义的方式命名它**并添加时间日期或序列号作为后缀**，如 runs/test_001 或 runs/test_20200502172130，以避免将多次运行的数据写入同一个文件夹（我们将在后文的 **add_scalars** 部分看到为什么这样做不好）。

SummaryWriter 实现了多种方法来允许向 TensorBoard 发送信息，具体如下：

add_graph	add_scalars	add_scalar	add_histogram	add_images
add_image	add_figure	add_video	add_audio	add_text
add_embedding	add_pr_curve	add_custom_scalars	add_mesh	add_hparams

它还实现了另外两种有效地将数据写入磁盘的方法：

- flush。
- close。

我们将使用前两种方法（add_graph 和 add_scalars）来发送模型图（与使用 make_dot 绘制的**动态计算图**不太一样），当然还有标量：**训练损失**和**验证损失**。

▶▶ add_graph

从 add_graph 开始：不幸的是，它的文档似乎不存在（在撰写本书时），它的参数默认值会让您觉得不需要提供任何输入（input_to_model＝None）。如果试一下会发生什么情况呢？

```
writer.add_graph(model)
```

将收到一条冗长的**错误消息**，其结尾如下。

输出：

```
...
RuntimeError: example_kwarg_inputs should be a dict
```

因此，**确实**需要将一些**输入**与模型一起发送。从 train_loader 中获取小批量数据点，然后将其作为输入传递给 add_graph。

添加模型的图形：

```
#获取特征(dummy_x)和标签(dummy_y)的元组
dummy_x, dummy_y = next(iter(train_loader))

#由于模型已发送到设备,因此需要对数据执行相同的操作
#即使在这里,模型和数据也需要在同一台设备上
writer.add_graph(model, dummy_x.to(device))
```

如果您再次打开（或刷新）浏览器（或在 Notebook 内重新运行包含了魔法命令%tensorboard—

logdir 的单元)以查看 TensorBoard，它应该如图 2.4 所示。

● 图 2.4　TensorBoard 上的动态计算图

将**损失值**发送到 TensorBoard 会怎么样？我正在做。可以使用 add_scalars 方法一次性发送多个标量值，它需要 3 个参数：

- main_tag：标签的父名称或"组标签"，如果您愿意的话。
- tag_scalar_dict：包含**键**的字典——要跟踪的标量的值对(在我们的例子中是训练和验证损失)。
- global_step：步幅值，即与您在字典中发送的值相关联的索引——在我们的例子中，想到了**周期**，因为每个周期都会计算损失。

它是如何转化为代码的？让我们来看看：

增加损失：

```
writer.add_scalars(
  main_tag='loss',
  tag_scalar_dict={'training': loss, 'validation': val_loss},
  global_step=epoch
)
```

如果您在执行模型训练后运行上面的代码，它将只发送最后一个周期(199)计算的两个损失值。您的 TensorBoard 将如图 2.5 所示(不要忘记刷新它——如果您在谷歌 Colab 上运行它可能需要一段时间)。

您是不是感觉这不是很有用的知识，嗯？我们需要将这些元素合并到**模型配置**和**模型训练**代码中，现在看起来像这样：

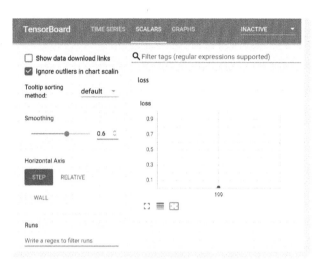

● 图 2.5　TensorBoard 上的标量

运行(数据准备 V2)：

```
%run -i data_preparation/v2.py
```

定义(模型配置 V3)：

```
1   %%writefile model_configuration/v3.py
2
3   device = 'cuda' if torch.cuda.is_available() else 'cpu'
4
5   #设置学习率
6   lr = 0.1
7
8   torch.manual_seed(42)
9   #现在可以创建一个模型并立即将其发送到设备
10  model = nn.Sequential(nn.Linear(1, 1)).to(device)
11
12  #定义 SGD 优化器来更新参数
13  optimizer = optim.SGD(model.parameters(), lr=lr)
14
15  #定义 MSE 损失函数
16  loss_fn = nn.MSELoss(reduction='mean')
17
18  #为模型、损失函数和优化器创建 train_step 函数
19  train_step_fn = make_train_step_fn(model, loss_fn, optimizer)
20
21  #为模型和损失函数创建 val_step 函数
22  val_step_fn = make_val_step_fn(model, loss_fn)
23
24  #创建 SummaryWriter 以与 TensorBoard 交互
25  writer = SummaryWriter('runs/simple_linear_regression')      ①
26
```

```
27    #获取单个小批量,以便可以使用 add_graph
28    x_sample, y_sample = next(iter(train_loader))
29    writer.add_graph(model, x_sample.to(device))
```

注：

① 创建 SummaryWriter 与 TensorBoard 接口。

运行(模型配置 V3)：

```
%run -i model_configuration/v3.py
```

定义(模型训练 V5)：

```
1     %%writefile model_training/v5.py
2
3     #定义周期数
4     n_epochs = 200
5
6     losses = []
7     val_losses = []
8
9     for epoch in range(n_epochs):
10        #内循环
11        loss = mini_batch(device, train_loader, train_step_fn)
12        losses.append(loss)
13
14        #验证——验证中没有梯度
15        with torch.no_grad():
16            val_loss = mini_batch(device, val_loader, val_step_fn)
17            val_losses.append(val_loss)
18
19        #在主标签"损失"下记录每个周期的损失
20        writer.add_scalars(main_tag='loss',                          ①
21                tag_scalar_dict={'training': loss, 'validation':
22    val_loss},
23                global_step=epoch)
24
25    #关闭编写器
26    writer.close()
```

注：

① 向 TensorBoard 发送损失。

运行(模型训练 V5)：

```
%run -i model_training/v5.py
```

> 在模型配置和训练部分的最后一次更新之后，目前的发展状态是：
> - **数据准备 V2**。
> - **模型配置 V3**。
> - **模型训练 V5**。

您可能注意到**没有**丢掉这两个列表（losses 和 val_losses）。这是有原因的，这将在下一节中说明。

检查一下模型的状态：

```
#检查模型的参数
print(model.state_dict())
```

输出：

```
OrderedDict([('0.weight', tensor([[1.9448]], device='cuda:0')),
             ('0.bias', tensor([1.0295], device='cuda:0'))])
```

现在，检查一下 **TensorBoard**。您应该能看到图 2.6 所示的内容。

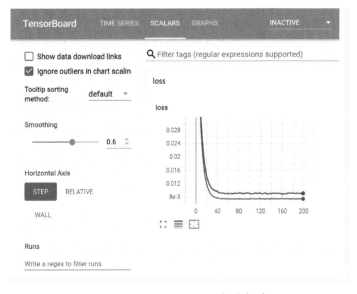

● 图 2.6　TensorBoard 上的损失

这与我们在使用列表和 Matplotlib 之前构建的图形相同。如果模型足够大或足够复杂，至少需要几分钟来训练，我们将能够在训练期间看到 TensorBoard 中损失的演变。

如果有任何机会，您最终得到了类似图 2.7 所示的图形，先不要担心。

还记得，我说过将多次运行的数据写入同一个文件夹是不好的吗？就是这样……

由于正在将数据写入文件夹 runs/simple_linear_regression，如果在第二次运行代码之前不更改文件夹的名称（或**删除那里的数据**），TensorBoard 会有些混乱，您可以从它的输出中猜到：

● 在每次运行中发现一个以上的图形事件（因为多次运行 add_graph）。

● 发现多个带有标签 step1 的"run metadata"事件（因为多次运行 add_scalars）。

如果您使用的是本地安装，则可以在**终端窗口**或用于运行 TensorBoard 的 **Anaconda Prompt** 中看到这些消息：log_dir＝runs。

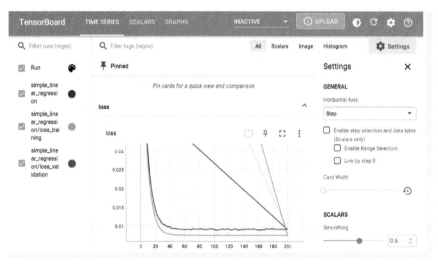

● 图 2.7　TensorBoard 上的奇怪结果

至此，您完成了模型的训练，检查了 TensorBoard 图，并且对得到的损失感到满意。

恭喜您！ 当前的工作完成了。您成功地训练了这个模型。

您只需要知道**一件事**，那就是如何处理——

保存和加载模型

毫无疑问，成功训练一个模型是很棒的，但并非所有模型的训练速度都那么快，而且**训练可能会中断**(计算机崩溃、在谷歌 Colab 上连续使用 GPU 12 小时后超时等)。如果是这样的话，很遗憾不得不重新开始，对吧？

因此，重要的是能够**检查点(checkpoint)**或**保存**模型，即将其保存到磁盘上，以防希望稍后**重新开始训练**或将其**部署**为应用程序以**进行预测**。

 模型状态

要检查一个模型，基本上必须将它的**状态保存**到一个文件中，以便以后可以**加载**它——实际上没什么特别的。

一个**模型的状态**被定义成什么？

- model.state_dict( )：有点明显，对吗？
- optimizer.state_dict( )：记住，优化器也有 state_dict。
- losses：毕竟，您应该跟踪它的演变。
- epoch：它只是一个数字，为什么不呢？
- **您想稍后恢复的任何其他内容。**

 保存

现在，**将所有内容包裹到 Python 字典中**，并使用 torch.save( ) 将其全部存储到文件中。十分简单，我们刚刚将模型**保存**到名为 model_checkpoint.pth 的文件中。

Notebook 单元 2.4-保存检查点

```
checkpoint = {'epoch': n_epochs,
        'model_state_dict': model.state_dict(),
        'optimizer_state_dict': optimizer.state_dict(),
        'loss': losses,
        'val_loss': val_losses}

torch.save(checkpoint, 'model_checkpoint.pth')
```

如果您要**检查部分训练的模型**以便稍后恢复训练，或者如果您要**保存完全训练的模型**以便部署它并进行预测，则该过程完全**相同**。

好的，**加载**回来怎么样？在那种情况下，它会**有点不同**，取决于您在做什么。

▶▶ 恢复训练

如果重新开始(就像刚刚打开计算机并启动 Jupyter 一样)，则必须在实际加载模型之前**布置好舞台**。这意味着需要**加载数据**并**配置模型**。

幸运的是，已经有了代码：**数据准备 V2** 和**模型配置 V3**。

Notebook 单元 2.5-数据准备 V2 和模型配置 V3

```
%run -i data_preparation/v2.py
%run -i model_configuration/v3.py
```

仔细检查一下，确实有一个**未经训练的模型**：

```
print(model.state_dict())
```

输出：

```
OrderedDict([('0.weight', tensor([[0.7645]], device='cuda:0')),
            ('0.bias', tensor([0.8300], device='cuda:0'))])
```

现在**准备好**重新加载模型，这很容易：

- 使用 torch.load( ) 加载字典。
- 使用 load_state_dict( ) 方法加载**模型**和**优化器**状态字典。
- 将其他所有内容加载到相应的变量中。

Notebook 单元 2.6-加载检查点以恢复训练

```
checkpoint = torch.load('model_checkpoint.pth')

model.load_state_dict(checkpoint['model_state_dict'])
optimizer.load_state_dict(checkpoint['optimizer_state_dict'])
```

```
saved_epoch = checkpoint['epoch']
saved_losses = checkpoint['loss']
saved_val_losses = checkpoint['val_loss']

model.train() # always use TRAIN for resuming training                    ①
```

注：
① 千万不要忘记设置模式。

```
print(model.state_dict())
```

输出：

```
OrderedDict([('0.weight', tensor([[1.9448]], device='cuda:0')),
             ('0.bias', tensor([1.0295], device='cuda:0'))])
```

酷，恢复了**模型的状态**，可以**继续训练**了。

> 在**加载模型以恢复训练**后，请确保**始终**将其设置为**训练模式**：
>
> model.train( )
>
> 在我们的示例中，这将是多余的，因为 train_step 函数已经这样做了。但重要的是要养成相应地**设置模型模式**的习惯。

接下来，可以运行**模型训练 V5**，再训练 200 个周期。

> "为什么要增加 200 个周期？我不能选择一个不同的数字吗？"

好吧，您可以，但必须在**模型训练 V5** 中更改代码。这显然**不理想**，但很快就会使模型训练代码更加灵活，所以请暂时忍耐一下。

Notebook 单元 2.7−模型训练 V5

```
%run -i model_training/v5.py
```

再训练 200 个周期后模型看起来如何？

```
print(model.state_dict())
```

输出：

```
OrderedDict([('0.weight', tensor([[1.9448]], device='cuda:0')),
             ('0.bias', tensor([1.0295], device='cuda:0'))])
```

嗯，它根本没有改变（如图 2.8 所示）。这并**不奇怪**，原来的模型已经**收敛**了；也就是说，损失**最小**。这些额外的周期仅用于教学目的，它们没有改进模型。但是，既然已经来到这里了，检查一下检查点**之前**和**之后**损失的演变。

显然，在检查点之前损失已经最小，所以什么都没有改变。

事实证明，保存到磁盘的模型是**经过全面训练的模型**，因此可以将其用于——

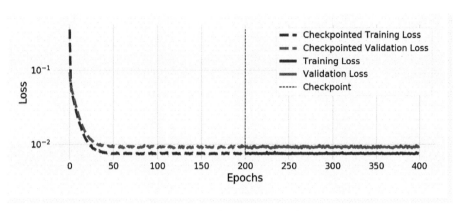

● 图 2.8　恢复训练前后的损失

▶▶ 部署/做出预测

同样地，如果重新开始(就像刚刚打开计算机并启动 Jupyter 一样)，则必须在实际加载模型之前**布置好舞台**。但是，这一次，**只**需要**配置模型**即可。

Notebook 单元 2.8

```
%run -i model_configuration/v3.py
```

再次，现在有一个**未经训练的模型**。但是，加载过程更简单：

- 使用 torch.load( )加载字典。
- 使用其方法 load_state_dict( )加载**模型**状态字典。

由于模型已经过**充分训练**，我们不需要加载优化器或其他任何东西。

Notebook 单元 2.9–加载经过全面训练的模型进行预测

```
checkpoint = torch.load('model_checkpoint.pth')

model.load_state_dict(checkpoint['model_state_dict'])

print(model.state_dict())
```

输出：

```
OrderedDict([('0.weight', tensor([[1.9448]], device='cuda:0')),
             ('0.bias', tensor([1.0295], device='cuda:0'))])
```

恢复**模型的状态**后，终于可以用它来**预测新的输入**了：

Notebook 单元 2.10

```
new_inputs = torch.tensor([[.20], [.34], [.57]])

model.eval() # always use EVAL for fully trained models!               ①
model(new_inputs.to(device))
```

注：

① 千万不要忘记设置模式。

输出：

```
tensor([[1.4185],
        [1.6908],
        [2.1381]], device='cuda:0', grad_fn=<AddmmBackward>)
```

由于**模型配置 V3** 创建了一个模型并将其自动发送到**设备**上，所以需要对**新输入**执行相同的操作。

 在**加载完全训练的模型以进行部署/做出预测**后，请确保**始终**将其设置为**评估模式**：

model.eval( )

恭喜您，"*部署*"了自己的第一个模型。

▶▶ 设置模型的模式

我知道，自己可能对此有点着迷，但再来一次：

 加载模型后，**不要忘记设置模式**：

- **检查点**：model.train( )
- **部署/做出预测**：model.eval( )

归纳总结

至此，已经对代码的三个**基本部分**中的每一部分进行了至少两次**更新**。现在是时候将所有这些放在一起，以全面了解迄今为止所取得的成绩了。

看看您的管道：**数据准备 V2**、**模型配置 V3** 和**模型训练 V5**。

运行（数据准备 V2）：

```
1   # %load data_preparation/v2.py
2
3   torch.manual_seed(13)
4
5   #在拆分之前从 numpy 数组构建张量
6   x_tensor = torch.from_numpy(x).float()
7   y_tensor = torch.from_numpy(y).float()
8
9   #构建包含所有数据点的数据集
10  dataset = TensorDataset(x_tensor, y_tensor)
11
12  #执行拆分
13  ratio = .8
14  n_total = len(dataset)
```

```
15    n_train = int(n_total * ratio)
16    n_val = n_total - n_train
17
18    train_data, val_data = random_split(dataset, [n_train, n_val])
19
20    #构建每个集合的加载器
21    train_loader = DataLoader(dataset=train_data, batch_size=16, shuffle=True)
22    val_loader = DataLoader(dataset=val_data, batch_size=16)
```

运行(模型配置 V3):

```
1    # %load model_configuration/v3.py
2
3    device = 'cuda' if torch.cuda.is_available() else 'cpu'
4
5    #设置学习率
6    lr = 0.1
7
8    torch.manual_seed(42)
9    #现在可以创建一个模型并立即将其发送到设备
10   model = nn.Sequential(nn.Linear(1, 1)).to(device)
11
12   #定义 SGD 优化器来更新参数
13   optimizer = optim.SGD(model.parameters(), lr=lr)
14
15   #定义 MSE 损失函数
16   loss_fn = nn.MSELoss(reduction='mean')
17
18   #为模型、损失函数和优化器创建 train_step 函数
19   train_step = make_train_step(model, loss_fn, optimizer)
20
21   #为模型和损失函数创建 val_step 函数
22   val_step = make_val_step(model, loss_fn)
23
24   #创建 SummaryWriter 以与 TensorBoard 交互
25   writer = SummaryWriter('runs/simple_linear_regression')
26
27   #获取单个小批量,以便可以使用 add_graph
28   x_sample, y_sample = next(iter(train_loader))
29   writer.add_graph(model, x_sample.to(device))
```

运行(模型训练 V5):

```
1    # %load model_training/v5.py
2
3    #定义周期数
4    n_epochs = 200
5
6    losses = []
7    val_losses = []
```

```
8
9   for epoch in range(n_epochs):
10      #内循环
11      loss = mini_batch(device, train_loader, train_step)
12      losses.append(loss)
13
14      #验证——验证中没有梯度
15      with torch.no_grad():
16          val_loss = mini_batch(device, val_loader, val_step)
17          val_losses.append(val_loss)
18
19      #在主标签"损失"下记录每个周期的损失
20      writer.add_scalars(main_tag='loss',
21                  tag_scalar_dict={'training': loss, 'validation': val_loss},
22                  global_step=epoch)
23
24  #关闭编写器
25  writer.close()
```

```
print(model.state_dict())
```

输出：

```
OrderedDict([('0.weight', tensor([[1.9440]], device='cuda:0')),
             ('0.bias', tensor([1.0249], device='cuda:0'))])
```

这是您将反复用于**训练 PyTorch 模型**的**一般结构**。

当然，**不同的数据集和问题**将需要**不同的模型和损失函数**，您可能想尝试不同的优化器和循环学习率（我们稍后会讨论），但其余部分可能仍然会保持不变。

回顾

在这一章中介绍了很多内容，具体如下：

- 编写构建函数以执行**训练步骤**的**高阶函数**。
- 了解 PyTorch 的 Dataset 和 TensorDataset 类，实现其__init__、__get_item__和__len__方法。
- 使用 PyTorch 的 DataLoader 类从数据集中**生成小批量**。
- 修改**训练循环**以结合**小批量梯度下降**逻辑。
- 编写一个**辅助函数**来处理**小批量内循环**。
- 使用 PyTorch 的 random_split 方法生成训练和验证数据集。
- 编写构建函数以执行**验证步骤**的**高阶函数**。
- 认识到在**验证循环**中加入 model.eval( ) 的**重要性**。
- 记住 no_grad( ) 的目的，并在**验证期间**使用它来**防止任何类型的梯度计算**。
- 使用 SummaryWriter 与 TensorBoard 接口进行记录。

- 在 **TensorBoard** 中添加表示模型的图形。

- 将**标量**发送到 TensorBoard，以跟踪**训练和验证损失的演变**。

- **保存/检查点**（**checkpoint**）和从磁盘**加载**模型以允许**恢复模型训练**或**部署**。

- 认识到**设置模型**模式的重要性：train( ) 或 eval( )，分别用于**检查点**或**部署**以进行预测。

恭喜您! 您现在拥有必要的**知识**和**工具**来使用 PyTorch 解决更有趣（和复杂）的问题，在接下来的章节中将充分利用它们。

扩展阅读

文中提到的阅读资料（网址）请读者按照本书封底的说明方法自行下载。

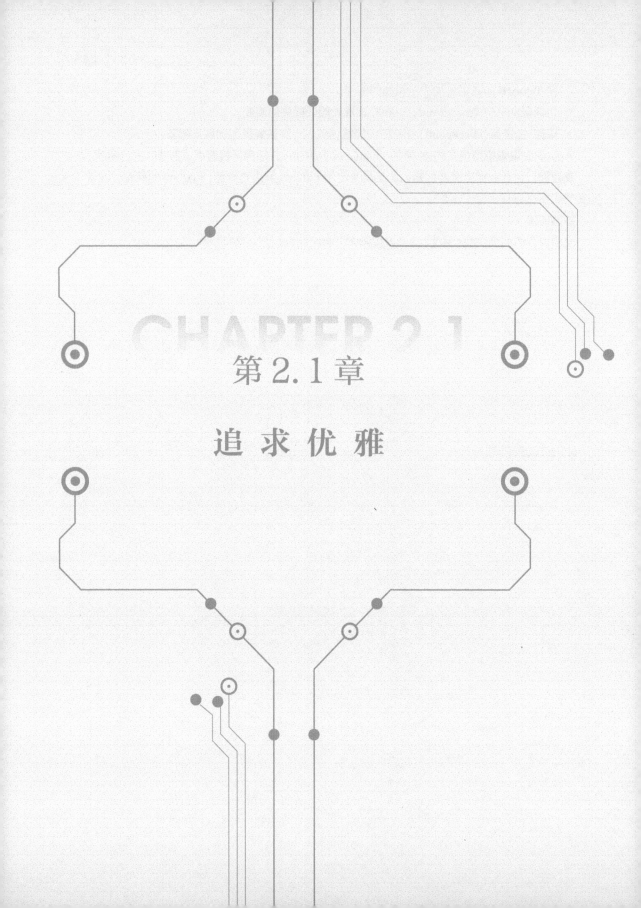

第2.1章

追 求 优 雅

剧透

在本章，将：

- 定义一个**类**来处理**模型训练**。
- 实现**构造**方法。
- 理解类的**公共**(public)、**保护**(protected)和**私有**(private)方法之间的区别。
- 将前面章节所开发的**代码集成**到类中。
- **实例化**类并用它来运行一个优雅的管道。

 Jupyter Notebook

与第 2.1 章[58]相对应的 Jupyter Notebook 是 GitHub 上官方"**Deep Learning with PyTorch Step-by-Step**"资料库的一部分。您也可以直接在**谷歌 Colab**[59]中运行它。

如果您使用的是*本地安装*，请打开您的终端或 Anaconda Prompt，导航到您从 GitHub 复制的 PyTorchStepByStep 文件夹。然后，*激活* pytorchbook 环境并运行 Jupyter Notebook：

```
$ conda activate pytorchbook

(pytorchbook) $ jupyter notebook
```

如果您使用 Jupyter 的默认设置，这个链接(http://localhost：8888/notebooks/Chapter02.1.ipynb)应该会打开第 2.1 章的 Notebook。如果没有，只需单击 Jupyter 主页中的"Chapter02.1.ipynb"。

 导入

为了便于组织，在任何一章中使用的所有代码所需的库都在其开始时导入。在本章，需要导入以下的库：

```
import numpy as np
import datetime

import torch
import torch.optim as optim
import torch.nn as nn
import torch.functional as F
from torch.utils.data import DataLoader, TensorDataset, random_split
from torch.utils.tensorboard import SummaryWriter

import matplotlib.pyplot as plt
%matplotlib inline
plt.style.use('fivethirtyeight')
```

追求优雅

到目前为止,%%writefile 魔法命令已经帮助我们将代码组织成 3 个不同的部分：*数据准备*、*模型配置*和*模型训练*。然而，在第 2 章结束时，遇到了它的一些**限制**，如无法在不**编辑**模型训练代码的情况下，选择不同数量的周期。

显然，这种情况并**不**理想。需要做得更好，我们需要**优雅**；也就是说，需要建立一个**类**来处理**模型训练**部分。

> 我假设您具备**面向对象编程**（**OOP**）的实用知识，以便从本章中获益最多知识价值。如果情况并非如此，并且如果您在第 1 章中没有这样做，那么现在是时候学习一些教程了，如 Real Python 的 *Objected-Oriented Programming（OOP）in Python 3*[60] 和 *Supercharge Your Classes With Python super( )*[61]。

 类

用一个相当原始的名称定义类：StepByStep。从头开始：要么不指定父类，要么从基本 object 类继承它。我个人更喜欢后者，所以类定义是这样的：

```
#一个完全空的(无用的)类
class StepByStep(object):
    pass
```

无聊，对吧？让我们通过进一步的构建来使其变得有趣。

 构造方法

> "从哪里开始建立一个类呢？"

那将是**构造方法**，即在处理**模型**和**数据集**类时，已经多次看到的__init__(self)方法。构造方法**定义了组成类的部分**，这些部分是该类的**属性**。典型属性包括：

- 由用户提供的**参数**。
- 在创建时不可用的其他对象的**占位符**(很像延迟参数)。
- 可能想要跟踪的**变量**。
- 使用某些参数和**高阶函数**动态构建的**函数**。

看看它们中的每一个如何应用于我们的问题。

参数

从**参数**开始，即用户**需要指定的部分**。在第 2 章的开头，我们问自己："如果使用**不同的优化器**、**损失函数**甚至**模型**，训练循环中的代码会**改变**吗？"。答案过去是，现在也是，**它不会改变**。

因此，**优化器**、**损失函数**和**模型**这三个元素将是主要**参数**。用户**需要**指定这些参数，因为我们无法独自计算它们。

但是还需要一条信息：用于训练模型的**设备**。不会要求用户通知它，而是自动检查是否有可用的 GPU，如果没有则退回到 CPU。但是仍然希望给用户一个使用不同设备的机会（不管是什么原因）；因此，添加了一个非常简单的方法（简单地命名为 to），允许用户指定设备。

构造方法(__init__)最初看起来像这样：

```
class StepByStep(object):
    def __init__(self, model, loss_fn, optimizer):
        #这里定义了类的属性

        #首先将参数存储为属性,以供以后使用
        self.model = model
        self.loss_fn = loss_fn
        self.optimizer = optimizer
        self.device = 'cuda' if torch.cuda.is_available() else 'cpu'
        #立即将模型发送到指定的设备
        self.model.to(self.device)

    def to(self, device):
        #此方法允许用户指定不同的设备
        #它设置相应的属性(稍后在小批量中使用)并将模型发送到设备
        self.device = device
        self.model.to(self.device)
```

占位符

接下来，处理**占位符**或延迟参数。我们希望用户**最终**提供其中的**一些**占位符，因为它们不是必需的。还有另外三个元素属于该类别：**训练和验证数据加载器**以及与 TensorBoard 接口的 **SummaryWriter**。

需要将以下代码附加到上面的构造方法中（为了简单起见，我没有在此处复制该方法的其余部分——在 Jupyter Notebook 中，您会找到完整的代码）：

```
        #这里定义了这些属性,但是由于在创建的时候它们是不可用的
        #所以保持它们为 None
        self.train_loader = None
        self.val_loader = None
        self.writer = None
```

显然，训练数据加载器是需要的。没有它，怎么可能训练模型呢?

"那为什么不把训练数据加载器作为**参数**呢?"

从概念上讲，数据加载器（及其包含的数据集）**不是**模型的一部分。它是用来训练模型的**输入**的。由于**可以**在没有它的情况下指定一个模型，因此不应该将它作为类的参数。

换句话说，StepByStep 类**由特定的参数组合**（模型、损失函数和优化器）**定义**，然后可用于在任

何(兼容的)数据集上执行模型训练。

验证数据加载器不是必需的(尽管推荐)，但 **SummaryWriter** 绝对是可选的。

该类应该实现方法，以允许用户稍后调用这些**方法**(这两种方法都应放在 StepByStep 类中，在构造方法之后)：

```python
def set_loaders(self, train_loader, val_loader=None):
    #此方法允许用户定义使用哪个 train_loader(和 val_loader,可选)
    #然后将两个加载器分配给类的属性以便稍后引用
    self.train_loader = train_loader
    self.val_loader = val_loader

def set_tensorboard(self, name, folder='runs'):
    #此方法允许用户创建一个 SummaryWriter 以与 TensorBoard 交互
    suffix = datetime.datetime.now().strftime('%Y%m%d%H%M%S')
    self.writer = SummaryWriter('{}/{}_{}'.format(folder, name, suffix))
```

"为什么需要为 val_loader 指定一个默认值? 它的占位符值已经是 None。"

由于验证加载器是**可选的**，因此在方法定义中为特定参数设置**默认值**可以让用户在调用方法时不必提供该参数。在我们的例子中，最好的默认值与在为验证加载器指定占位符时选择的值相同，均为 None。

变量

然后，可能想要跟踪一些**变量**。典型的例子是**周期的数量**，以及训练和验证**损失**。这些变量很可能由类在内部计算和更新。

需要再次将**以下代码附加到构造方法中**(就像对占位符所做的那样)：

```python
#这些属性将在内部计算
self.losses = []
self.val_losses = []
self.total_epochs = 0
```

"在第一次使用它们时可以设置这些变量吗?"

是的，可以，而且可能会很好地解决这个问题，因为这个类非常简单。但是，随着类变得越来越复杂，它可能会导致一些问题。因此，**最好在构造方法中定义类的所有属性**。

函数

为方便起见，有时创建**函数属性**很有用，这些属性将在类中的其他地方调用。在我们的例子中，可以使用在第 2 章定义的高阶函数(分别是辅助函数 1 和辅助函数 3)来创建 train_step 和 val_step。它们都将模型、损失函数和优化器作为参数，所有这些都是在构建 StepByStep 类时的已知属性。

下面的代码将是对构造方法的最后一次添加(就像对占位符所做的那样)：

```
#为模型、损失函数和优化器创建 train_step 函数
#注意:那里没有参数
#它直接使用类属性
self.train_step = self._make_train_step()
#为模型和损失函数创建 val_step 函数
self.val_step = self._make_val_step()
```

如果您已将上面的代码拼凑在一起，此时的代码应如下所示。

StepByStep 类：

```
class StepByStep(object):
    def __init__(self, model, loss_fn, optimizer):
        #这里定义了类的属性

        #首先将参数存储为属性,以供以后使用
        self.model = model
        self.loss_fn = loss_fn
        self.optimizer = optimizer
        self.device = 'cuda' if torch.cuda.is_available() else 'cpu'
        #立即将模型发送到指定的设备
        self.model.to(self.device)

        #这里定义了这些属性,但是由于在创建的时候它们是不可用的
        #所以保持它们为 None
        self.train_loader = None
        self.val_loader = None
        self.writer = None

        #这些属性将在内部计算
        self.losses = []
        self.val_losses = []
        self.total_epochs = 0

        #为模型、损失函数和优化器创建 train_step 函数
        #注意:那里没有参数。它直接使用类属性
        self.train_step = self._make_train_step()
        #为模型和损失函数创建 val_step 函数
        self.val_step = self._make_val_step()

    def to(self, device):
        #此方法允许用户指定不同的设备
        #它设置相应的属性(稍后在小批量中使用)
        #并将模型发送到设备
        self.device = device
        self.model.to(self.device)

    def set_loaders(self, train_loader, val_loader=None):
        #此方法允许用户定义要使用的 train_loader(和 val_loader,可选)
        #然后将两个加载器分配给类的属性
```

```
        #所以以后可以参考
        self.train_loader = train_loader
        self.val_loader = val_loader

    def set_tensorboard(self, name, folder='runs'):
        #此方法允许用户创建一个 SummaryWriter 以与 TensorBoard 交互
        suffix = datetime.datetime.now().strftime('%Y%m%d%H%M%S')
        self.writer = SummaryWriter('{}/{}_{}'.format(folder, name, suffix))
```

当然，仍然缺少_make_train_step 和_make_val_step 函数。这两个函数和以前差不多，只是它们引用了类属性 self.model、self.loss_fn 和 self.optimizer，而不是把它们作为参数。它们现在看起来像这样：

步骤方法：

```
def _make_train_step(self):
    #这个方法不需要 ARGS
    #可以参考属性:self.model,self.loss_fn 和 self.optimizer

    #构建在训练循环中执行一个步骤的函数
    def perform_train_step(x, y):
        #设置模型为训练模式
        self.model.train()

        #第 1 步:计算模型的预测输出——前向传递
        yhat = self.model(x)
        #第 2 步:计算损失
        loss = self.loss_fn(yhat, y)
        #第 3 步:计算参数 b 和 w 的梯度
        loss.backward()
        #第 4 步:使用梯度和学习率更新参数
        self.optimizer.step()
        self.optimizer.zero_grad()

        #返回损失
        return loss.item()

    #返回将在训练循环内调用的函数
    return perform_train_step

def _make_val_step(self):
    #构建在验证循环中执行步骤的函数
    def perform_val_step(x, y):
        #设置模型为评估模式
        self.model.eval()

        #第 1 步:计算模型的预测输出——前向传递
        yhat = self.model(x)
        #第 2 步:计算损失
        loss = self.loss_fn(yhat, y)
```

```
#无需计算第 3 步和第 4 步
#因为在评估期间不更新参数
return loss.item()

return perform_val_step
```

"为什么这些方法有一个下画线作为前缀？这与__init__方法中的双下画线有何不同？"

方法、_方法和__方法

一些编程语言（如 Java）具有三种方法：公共（public）、保护（protected）和私有（private）。**public 方法**是您最熟悉的那种：它们可以**由用户调用**。

另一方面，**protected 方法不应**由用户调用——它们应该在**内部**或由**子类**调用（子类可以从其父类调用 protected 方法）。

最后，**private 方法**应该**只在内部调用**。即使是子类，它们也应该是不可见的。

这些规则在 Java 中是严格执行的，但 Python 采用了更宽松的方法：**所有方法都是 public**，这意味着您可以调用任何想要的方法。但是您**可以**通过在方法名称**前加上一个下画线**（对于 protected 方法）或**双下画线**（对于 private 方法）来建议适当的用法。这样，用户就知道程序员的意图了。

在我们的示例中，_make_train_step 和_make_val_step 都被定义为 **protected 方法**。我希望用户**不要直接调用它们**，但如果有人决定定义一个继承自 StepByStep 的类，它们**应该有权**这样做。

为了使代码**在视觉上更简单**，也就是说，不必每次引入新方法时都复制完整的类，我求助于在常规情况下**不应该使用的东西**：setattr[62]。

```
#注意！仅将 setattr 用于教学目的
setattr(StepByStep, '_make_train_step', _make_train_step)
setattr(StepByStep, '_make_val_step', _make_val_step)
```

setattr

setattr 函数设置给定对象的指定属性的值。但**方法**也是**属性**，因此可以使用此函数一次性将方法"附加"到现有类及其所有现有实例上。

是的，这是一个技巧。不，您不应该在常规代码中使用它，使用 setattr 通过向其附加方法来构建一个类，这仅用于教学目的。

为了说明它是如何工作的以及为什么它可能是危险的，我将给您展示一个小例子。创建一个简单的 Dog 类，它只接受狗的名字作为参数：

```
class Dog(object):
    def __init__(self, name):
        self.name = name
```

接下来，**实例化**类，也就是说，正在创建一只狗，称它 Rex。它的名字将被存储在 name 属性中：

```
rex = Dog('Rex')
print(rex.name)
```

输出：

```
Rex
```

然后创建一个 bark 函数，以 **Dog 的实例**作为参数：

```
def bark(dog):
        print('{} barks: "Woof!"'.format(dog.name))
```

当然，可以调用这个函数来使 Rex 吠叫：

```
bark(rex)
```

输出：

```
Rex barks: "Woof!"
```

但这**不是**我们想要的，我们希望狗能够脱口而出地吠叫，所以使用 setattr 来赋予狗吠叫的能力。不过，**需要改变一件事**，那就是函数的参数。由于我们希望 bark 函数成为 Dog 类本身的方法，因此**参数**需要的是**方法自己的实例**：self。

```
def bark(self):
    print('{} barks: "Woof!"'.format(self.name))


setattr(Dog, 'bark', bark)
```

它有效吗？创建一只新狗：

```
fido = Dog('Fido')
fido.bark()
```

输出：

```
Fido barks: "Woof!"
```

当然，它是有效的。现在不仅新狗可以吠叫，并且**所有的狗都可以吠叫**：

```
rex.bark()
```

输出：

看到了吗？一次就**有效地修改了底层的 Dog 类**及其**所有实例**。它看起来很酷，当然，它也会造成严重的破坏。

使用 setattr 是一种**技巧**，我怎么强调都不过分，**请不要在常规代码中使用 setattr**。

与到目前为止所做的那样直接在类中创建属性或方法不同，可以使用 setattr 动态创建它们。在 StepByStep 类中，最后两行代码在该类中创建了两个方法，每个方法都具有用于创建该方法的函数的相同名称。

好的，但是为了进行模型训练，仍然缺少一些内容，继续添加更多的方法。

▶▶ 训练方法

需要添加的下一个方法对应于第 2 章中的**辅助函数 2：小批量循环**。不过，需要对其进行一些**更改**。在那里，**数据加载器**和**步骤函数**都是参数。现在不再是这种情况了，因为将它们都作为属性：self.train_loader 和 self.train_step 用于训练；self.val_loader 和 self.val_step 用于验证。这个方法唯一需要知道的是，它是在处理训练数据还是验证数据。代码如下所示：

小批量：

```
1  def _mini_batch(self, validation=False):
2      #小批量可以与两个加载器一起使用
3      #参数 validation 定义了将使用哪个加载器
4      #和相应地将要被使用的步骤函数
5      if validation:
6          data_loader = self.val_loader
7          step = self.val_step
8      else:
9          data_loader = self.train_loader
10         step = self.train_step
11
12     if data_loader is None:
13         return None
14
15     #设置好数据加载器和步骤函数,
16     #这就是我们之前的小批量循环
17     mini_batch_losses = []
18     for x_batch, y_batch in data_loader:
19         x_batch = x_batch.to(self.device)
20         y_batch = y_batch.to(self.device)
21
22         mini_batch_loss = step(x_batch, y_batch)
23         mini_batch_losses.append(mini_batch_loss)
24
25     loss = np.mean(mini_batch_losses)
26
27     return loss
28
29 setattr(StepByStep, '_mini_batch', _mini_batch)
```

此外，如果用户决定**不**提供验证加载器，它将保留其构造方法中的初始 None 值。如果是这种情况，则没有相应的损失要计算，而是返回 None（上面代码片段中的第 13 行）。

还有什么可做的？当然是**训练循环**。这类似于在第 2 章中的**模型训练 V5**，但可以使其更加灵活，将**周期数**和**随机种子**作为参数。

这解决了在第 2 章中遇到的问题，当时必须在加载一个检查点后再训练 200 个周期，因为它被硬编码到训练循环中了。好了，现在不一样了。

此外，还需要确保**训练循环的可重复性**。我们已经设置了种子以确保随机拆分(数据准备)和模型初始化(模型配置)的可重复性。到目前为止，正在按顺序运行完整的管道，因此训练循环每次都产生相同的结果。现在，为了在不影响可重复性的情况下获得灵活性，还需要设置另一个随机种子。

遵循 PyTorch 的可重复性指南[63]，正在建立一种方法，使其仅处理种子设置：

种子：

```
def set_seed(self, seed=42):
    torch.backends.cudnn.deterministic = True
    torch.backends.cudnn.benchmark = False
    torch.manual_seed(seed)
    np.random.seed(seed)

setattr(StepByStep, 'set_seed', set_seed)
```

也是时候使用在构造方法中定义为属性的变量了：self.total_epochs、self.losses 和 self.val_losses，所有这些都在训练循环中更新。

训练循环：

```
def train(self, n_epochs, seed=42):
    #确保训练过程的可重复性
    self.set_seed(seed)

    for epoch in range(n_epochs):
        #通过更新相应的属性来跟踪周期数
        self.total_epochs += 1

        #内循环
        #使用小批量执行训练
        loss = self._mini_batch(validation=False)
        self.losses.append(loss)

        #评估——在评估期间不再需要梯度
        with torch.no_grad():
            #使用小批量执行评估
            val_loss = self._mini_batch(validation=True)
            self.val_losses.append(val_loss)

        #如果设置了 SummaryWriter……
        if self.writer:
            scalars = {'training': loss}
            if val_loss is not None:
                scalars.update({'validation': val_loss})
```

```
                #在主标签 loss 下记录每个周期的损失
                self.writer.add_scalars(main_tag='loss',
                                        tag_scalar_dict=scalars,
                                        global_step=epoch)

        if self.writer:
            #刷新编写器
            self.writer.flush()

setattr(StepByStep, 'train', train)
```

您注意到这个函数**没有返回任何东西**了吗？因为它不需要。它没有返回值，而是简单地更新几个类属性：self.losses、self.val_losses 和 self.total_epochs。

StepByStep 类的当前开发状态已经允许我们完全训练一个模型了。现在，让类也能够保存和加载模型。

▶▶ 保存和加载方法

这里的大部分代码与在第 2 章中的代码完全相同，唯一的区别是使用类的属性而不是局部变量。保存和加载检查点的方法如下所示。

保存：

```
def save_checkpoint(self, filename):
    #构建包含所有元素的字典以恢复训练
    checkpoint = {'epoch': self.total_epochs,
                  'model_state_dict': self.model.state_dict(),
                  'optimizer_state_dict': self.optimizer.state_dict(),
                  'loss': self.losses,
                  'val_loss': self.val_losses}

    torch.save(checkpoint, filename)

setattr(StepByStep, 'save_checkpoint', save_checkpoint)
```

加载：

```
def load_checkpoint(self, filename):
    #加载字典
    checkpoint = torch.load(filename)

    #恢复模型和优化器的状态
    self.model.load_state_dict(checkpoint['model_state_dict'])
    self.optimizer.load_state_dict(checkpoint['optimizer_state_dict'])

    self.total_epochs = checkpoint['epoch']
    self.losses = checkpoint['loss']
    self.val_losses = checkpoint['val_loss']
```

```
    self.model.train() # always use TRAIN for resuming training

setattr(StepByStep, 'load_checkpoint', load_checkpoint)
```

请注意，模型在加载检查点后设置为**训练模式**。

怎么做预测？为了让用户更容易对任何新数据点进行预测，要在函数内处理所有 Numpy 到 PyTorch 的来回转换。

做出预测：

```
def predict(self, x):
    #设置为预测的评估模式
    self.model.eval()
    #获取 Numpy 输入并使其成为一个浮点张量
    x_tensor = torch.as_tensor(x).float()
    #将输入发送到设备并使用模型进行预测
    y_hat_tensor = self.model(x_tensor.to(self.device))
    #将其设置回训练模式
    self.model.train()
    #分离,将其带到 CPU,并返回到 Numpy
    return y_hat_tensor.detach().cpu().numpy()

setattr(StepByStep, 'predict', predict)
```

首先，将模型设置为**评估模式**，因为它需要进行预测。然后，将 x 参数（假设为 Numpy 数组）转换为浮点型 PyTorch 张量，将其发送到配置的设备上，并使用模型进行预测。

接下来，将模型设置回**训练模式**。最后一步分离包含预测的张量，并将其作为一个 Numpy 数组返回给用户。

我们已经介绍了本章的大部分知识内容，除了几个可视化功能。现在解决它们——

▶▶ 可视化方法

由于将训练和验证损失都作为属性进行了跟踪，因此为它们构建一个简单的图形。

损失：

```
def plot_losses(self):
    fig = plt.figure(figsize=(10, 4))
    plt.plot(self.losses, label='Training Loss', c='b')
    if self.val_loader:
        plt.plot(self.val_losses, label='Validation Loss', c='r')
    plt.yscale('log')
    plt.xlabel('Epochs')
    plt.ylabel('Loss')
    plt.legend()
    plt.tight_layout()
    return fig
```

```
setattr(StepByStep, 'plot_losses', plot_losses)
```

最后，如果已经配置了训练加载器和 TensorBoard，可以使用前者获取单个小批量，后者在
TensorBoard 中构建模型图。

模型图：

```
def add_graph(self):
    if self.train_loader and self.writer:
        #获取单个小批量,以便可以使用 add_graph
        x_dummy, y_dummy = next(iter(self.train_loader))
        self.writer.add_graph(self.model, x_dummy.to(self.device))

setattr(StepByStep, 'add_graph', add_graph)
```

 完整代码

如果您想查看该类的完整代码，可以在[64]或本章的 Jupyter Notebook 中查看。

现在的代码已经很**优雅**了，所以让我们也建立一个**优雅的管道**。

典型的管道

在第 2 章中，流程由三个步骤组成：**数据准备 V2**、**模型配置 V3** 和**模型训练 V5**。最后一步，
模型训练，已经整合到了我们的 StepByStep 类中。看看其他两个步骤。

但是，首先，再次生成合成数据（如图 2.1.1 所示）。

运行(数据生成)：

```
#运行数据生成——所以不需要在这里复制代码
%run -i data_generation/simple_linear_regression.py
```

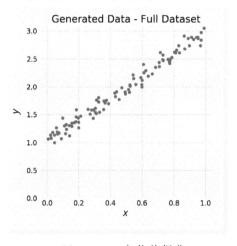

● 图 2.1.1　完整数据集

看起来很熟悉，不是吗？

该管道的第一部分是**数据准备**。事实证明：仍然可以保持原样。

运行（数据准备 V2）：

```
1   # %load data_preparation/v2.py
2
3   torch.manual_seed(13)
4
5   #在拆分之前从 Numpy 数组构建张量
6   x_tensor = torch.as_tensor(x).float()
7   y_tensor = torch.as_tensor(y).float()
8
9   #构建包含所有数据点的数据集
10  dataset = TensorDataset(x_tensor, y_tensor)
11
12  #执行拆分
13  ratio = .8
14  n_total = len(dataset)
15  n_train = int(n_total * ratio)
16  n_val = n_total - n_train
17
18  train_data, val_data = random_split(dataset, [n_train, n_val])
19
20  #构建每个集合的加载器
21  train_loader = DataLoader(dataset=train_data, batch_size=16, shuffle=True)
22  val_loader = DataLoader(dataset=val_data, batch_size=16)
```

接下来是**模型配置**。它的一些代码已经集成到类中了：train_step 和 val_step 函数、SummaryWriter 以及添加模型图。

因此，将模型配置代码剥离到最低限度，也就是说，只保留需要作为**参数**传递给 StepByStep 类的元素：**模型**、**损失函数**和**优化器**。请注意，此时不再将模型发送到设备，因为这将由类的构造方法去处理。

定义（模型配置 V4）：

```
1   %%writefile model_configuration/v4.py
2
3   #设置学习率
4   lr = 0.1
5
6   torch.manual_seed(42)
7   #现在可以创建一个模型并立即将其发送到设备
8   model = nn.Sequential(nn.Linear(1, 1))
9
10  #定义 SGD 优化器来更新参数
11  #现在直接从模型中检索
12  optimizer = optim.SGD(model.parameters(), lr=lr)
13
```

```
14  #定义 MSE 损失函数
15  loss_fn = nn.MSELoss(reduction='mean')
```

运行(模型配置 V4):

```
%run -i model_configuration/v4.py
```

检查一下模型的随机初始化参数:

```
print(model.state_dict())
```

输出:

```
OrderedDict([('0.weight', tensor([[0.7645]])), ('0.bias', tensor([0.8300]))])
```

这些是 **CPU 张量**, 因为模型还没有被发送到任何地方。

现在**有趣**的事情开始了: 充分利用 StepByStep 类, 并**训练模型**。

▶▶ 模型训练

首先用相应的参数**实例化** StepByStep 类。接下来, 使用适当命名的函数 set_loaders 设置它的加载器。然后, 使用 TensorBoard 设置一个接口, 并将实验命名为 classy(还能是什么?!)。

Notebook 单元 2.1.1

```
sbs = StepByStep(model, loss_fn, optimizer)
sbs.set_loaders(train_loader, val_loader)
sbs.set_tensorboard('classy')
```

需要注意的一点是, sbs 对象的模型属性与模型配置中创建的模型变量是**同一个对象**。**这不是副本**, 可以很容易地验证这一点:

```
print(sbs.model == model)
print(sbs.model)
```

输出:

```
True
Sequential((0): Linear(in_features=1, out_features=1, bias=True))
```

正如所料, 等式成立。如果打印模型本身, 会得到简单的**单输入/单输出**模型。

现在使用与以前相同的 200 个周期来**训练模型**。

Notebook 单元 2.1.2

```
sbs.train(n_epochs=200)
```

完成, 它被训练了! 真的吗? 真的! 来看看:

```
print(model.state_dict()) # remember, model == sbs.model
print(sbs.total_epochs)
```

输出:

```
OrderedDict([('0.weight', tensor([[1.9414]], device='cuda:0')),
```

```
           '0.bias',tensor([1.0233], device='cuda:0'))])
200
```

类将模型发送到可用设备（在本例中为 GPU），现在模型的参数是 **GPU 张量**。

训练的模型的权重非常接近在第 2 章中得到的权重。不过，它们略有不同，因为现在在开始训练循环之前使用了另一个随机种子。正如预期的那样，total_epochs 属性跟踪了周期的总数。

来看看损失，如图 2.1.2 所示。

```
fig = sbs.plot_losses()
```

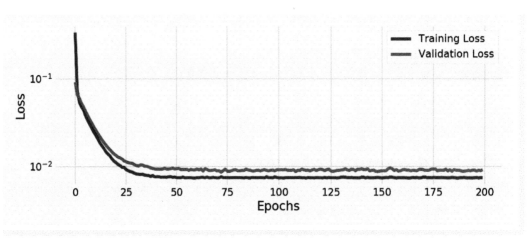

● 图 2.1.2 损失

再一次，这里没有什么令人惊讶的……对新的、从未见过的数据点进行预测怎么样？

▶▶ 做出预测

为特征 x 组成一些数据点，并将它们塑造成一个单列矩阵：

```
new_data = np.array([.5, .3, .7]).reshape(-1, 1)
```

输出：

```
array([[0.5],
       [0.3],
       [0.7]])
```

由于 Numpy 数组到 PyTorch 张量的转换已经由 predict 方法处理，所以可以立即调用该方法，将数组作为参数传递：

```
predictions = sbs.predict(new_data)
predictions
```

输出：

```
array([[1.9939734],
```

```
        [1.6056864],
        [2.3822603]],dtype=float32)
```

现在有了预测。很简单，对吧？

如果不想进行预测，而是想对模型进行**检查点**，以便稍后恢复训练怎么办？往下看。

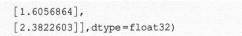 检查点

这很简单，使用 save_checkpoint 方法处理状态字典，并将它们保存到文件中：

Notebook 单元 2. 1. 3

```
sbs.save_checkpoint('model_checkpoint.pth')
```

 恢复训练

请记住，当在第 2 章中这样做时，实际上必须在加载模型、加载数据和配置模型之前**设置好状态**。在这里我们仍然需要这样做，但现在使用的是最新版本的**模型配置**。

运行(模型配置 V4)：

```
%run -i model_configuration/v4.py
```

仔细检查一下，确实有一个**未经训练的模型**：

```
print(model.state_dict())
```

输出：

```
OrderedDict([('0.weight', tensor([[0.7645]], device='cuda:0')),
            ('0.bias',tensor([0.8300], device='cuda:0'))])
```

不错，和以前一样。此外，模型配置部分创建了需要作为**参数**传递的 **3 个元素**，以**实例化**我们的 StepByStep 类：

Notebook 单元 2. 1. 4

```
new_sbs =StepByStep(model, loss_fn, optimizer)
```

接下来，使用 load_checkpoint 方法**加载训练好的模型**，并检查模型的权重：

Notebook 单元 2. 1. 5

```
new_sbs.load_checkpoint('model_checkpoint.pth')
print(model.state_dict())
```

输出：

```
OrderedDict([('0.weight', tensor([[1.9414]], device='cuda:0')),
            ('0.bias',tensor([1.0233], device='cuda:0'))])
```

太好了，这些是训练模型的权重。**进一步训练它**……

在第 2 章中，只能再训练 200 个周期，因为周期的数量是硬编码的。现在不一样了，多亏了 StepByStep 类，可以灵活地为模型训练尽可能多的周期。

但是仍然缺少一样东西——数据。首先，需要**设置数据加载器**，然后再训练模型，如 50 个周期。

Notebook 单元 2.1.6

```
new_sbs.set_loaders(train_loader, val_loader)
new_sbs.train(n_epochs=50)
```

来看看这些损失，如图 2.1.3 所示。

```
fig = new_sbs.plot_losses()
```

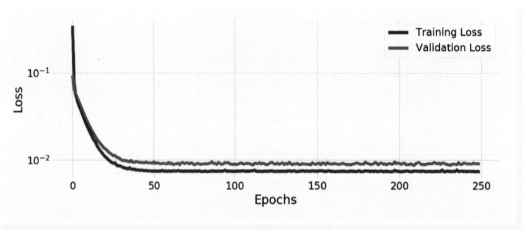

● 图 2.1.3　更多的损失

现在有超过 250 个周期的损失值。前 200 个周期的损失是从检查点加载的，最后 50 个周期的损失是在恢复训练后计算的。再次和第 2 章一样，损失的总体水平没有太大变化。

如果损失没有改变，就意味着训练损失已经达到了**最小**。因此，预计**权重将保持不变**。下面来看看：

```
print(sbs.model.state_dict())
```

输出：

```
OrderedDict([('0.weight', tensor([[1.9414]], device='cuda:0')),
            ('0.bias',tensor([1.0233], device='cuda:0'))])
```

从结果看确实没有太大变化。

 归纳总结

在本章，对训练管道进行了大量的修改。尽管数据准备部分保持不变，但模型配置部分减少到最低限度，模型训练部分完全整合到 StepByStep 类中。换句话说，管道十分**优雅**。

运行(数据准备 V2)：

```
1   # %load data_preparation/v2.py
2
3   torch.manual_seed(13)
4
5   #在拆分之前从 Numpy 数组构建张量
6   x_tensor = torch.as_tensor(x).float()
7   y_tensor = torch.as_tensor(y).float()
8
9   #构建包含所有数据点的数据集
10  dataset = TensorDataset(x_tensor, y_tensor)
11
12  #执行拆分
13  ratio = .8
14  n_total = len(dataset)
15  n_train = int(n_total * ratio)
16  n_val = n_total - n_train
17
18  train_data, val_data = random_split(dataset, [n_train, n_val])
19
20  #构建每个集合的加载器
21  train_loader = DataLoader(dataset=train_data, batch_size=16, shuffle=True)
22  val_loader = DataLoader(dataset=val_data, batch_size=16)
```

运行(数据配置 V4)：

```
1   # %load model_configuration/v4.py
2
3   #设置学习率
4   lr = 0.1
5
6   torch.manual_seed(42)
7   #现在可以创建一个模型
8   model = nn.Sequential(nn.Linear(1, 1))
9
10  #定义 SGD 优化器来更新参数
11  #现在直接从模型中检索
12  optimizer = optim.SGD(model.parameters(), lr=lr)
13
14  #定义 MSE 损失函数
15  loss_fn = nn.MSELoss(reduction='mean')
```

运行(模型训练)：

```
1   n_epochs = 200
2
3   sbs = StepByStep(model, loss_fn, optimizer)
4   sbs.set_loaders(train_loader, val_loader)
5   sbs.set_tensorboard('classy')
6   sbs.train(n_epochs=n_epochs)
```

```
print(model.state_dict())
```

输出：

```
OrderedDict([('0.weight', tensor([[1.9414]], device='cuda:0')),
             ('0.bias',tensor([1.0233], device='cuda:0'))])
```

 回顾

在本章，重新审视并重新实现了许多方法。以下是所涉及的内容：

- 定义 StepByStep 类。
- 了解**构造方法**中(__init__)方法的用途。
- 定义构造方法的**参数**。
- 定义**类的属性**来存储需要跟踪的参数、占位符和变量。
- 将**函数**定义为**属性**，使用高阶函数和类的属性来构建执行训练和验证步骤的函数。
- 了解**公共**、**保护**和**私有**方法之间的**区别**，以及使用 Python 的"轻松"方法。
- 创建方法来设置**数据加载器**和 **TensorBoard** 集成。
- (重新)实施**训练**方法：_mini_batch 和 train。
- 实现**保存和加载**方法：save_checkpoint 和 load_checkpoint。
- 实现一种**预测**方法，该方法处理所有关于 Numpy 到 PyTorch 转换和返回的模板代码。
- 实现**绘制损失**并将**模型图**添加到 TensorBoard 的方法。
- **实例化** StepByStep 类，并运行**经典**管道：配置模型、加载数据、训练模型、进行预测、检查点和恢复训练。

恭喜您！ 您开发了一个**功能齐全的类**，该类实现了与模型训练和评估相关的所有方法。从现在开始，将一遍又一遍地使用它来处理不同的任务和模型。下一站：分类。

扩展阅读

文中提到的阅读资料(网址)请读者按照本书封底的说明方法自行下载。

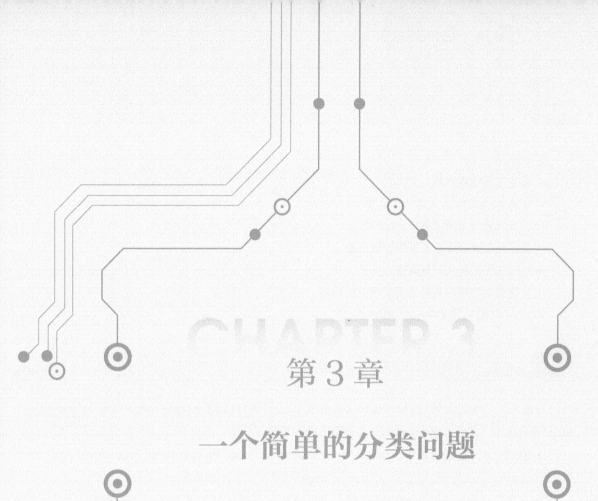

第 3 章

一个简单的分类问题

剧透

在本章，将：

- 建立**二元分类**模型。
- 了解 **logit** 的概念，以及它与**概率**的关系。
- 使用**二元交叉熵损失**来训练模型。
- 使用损失函数处理**不平衡的数据集**。
- 理解**决策边界**和**可分离性**的概念。
- 了解**分类阈值的选择**如何影响评估指标。
- 构建 **ROC** 和**精确率-召回率**曲线。

Jupyter Notebook

与第 3 章[65]相对应的 Jupyter Notebook 是 GitHub 上官方"**Deep Learning with PyTorch Step-by-Step**"资料库的一部分。您也可以直接在**谷歌 Colab**[66]中运行它。

如果您使用的是**本地安装**，请打开您的终端或 Anaconda Prompt，导航到从 GitHub 复制的 PyTorchStepByStep 文件夹。然后，**激活** pytorchbook 环境并运行 Jupyter Notebook：

```
$ conda activate pytorchbook

(pytorchbook) $ jupyter notebook
```

如果您使用 Jupyter 的默认设置，这个链接（http://localhost：8888/notebooks/Chapter03.ipynb）应该会打开第 3 章的 Notebook。如果没有，只需单击 Jupyter 主页中的"Chapter03.ipynb"。

 导入

为了便于组织，在任何一章中使用的所有代码所需的库都在其开始时导入。在本章，将需要导入以下的库：

```python
import numpy as np

import torch
import torch.optim as optim
import torch.nn as nn
import torch.functional as F
from torch.utils.data import DataLoader, TensorDataset

from sklearn.datasets import make_moons
from sklearn.preprocessing import StandardScaler
```

```
from sklearn.model_selection import train_test_split
from sklearn.metrics import confusion_matrix, roc_curve, precision_recall_curve, auc

from stepbystep.v0 import StepByStep
```

 一个简单的分类问题

是时候处理另一类问题了：**分类问题**。在分类问题中，试图预测**数据点属于哪个类**。

假设有**两类**点：**红色**或**蓝色**。这些是点的**标签**（y）。当然，需要为它们赋**数值**。可以给**红色**分配 **0** 值，给**蓝色**分配 **1** 值；与 **0** 相应的类是**负类**，而 **1** 对应于**正类**。

简而言之，对于**二元分类**，有：

颜色	值	类
红	0	负
蓝	1	正

 重要提示：在分类模型中，**输出**的是**正类**的预测概率。在我们的例子中，模型将预测一个点为蓝色的概率。

 选择哪个类是正的，哪个类是负的，**不会**影响模型性能。如果颠倒映射，使红色成为正类，唯一的区别是模型将预测一个点为红色的概率。但是，由于**两个概率必须加起来为 1**，这样可以轻松地在它们之间进行转换，因此**模型是等价的**。

与其先定义模型，然后为它生成合成数据，不如**反其道而行之**——

 数据生成

这次使用**两个特征**（x_1 和 x_2）来使数据更有趣。使用 Scikit-Learn 的 make_moons 生成一个包含 **100 个数据点的小数据集**。还要添加一些高斯噪声，并设置随机种子以确保可重复性。

数据生成：

```
X, y = make_moons(n_samples=100, noise=0.3, random_state=0)
```

然后，为方便起见，使用 Scikit-Learn 的 train_test_split 执行**训练–验证拆分**（稍后将回到拆分索引）。

训练–验证拆分：

```
X_train, X_val, y_train, y_val = train_test_split(
    X,
    y,
```

```
    test_size=.2,
    random_state=13
)
```

　请记住，拆分应该**始终**是您要做的**第一件事**——没有预处理、没有转换，**在拆分之前没有任何事情发生。**

接下来，使用 Scikit-Learn 的 StandardScaler **对特征进行标准化**，如图 3.1 所示。

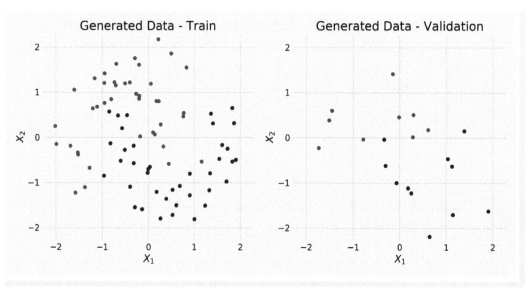

● 图 3.1　Moons 数据集

特征标准化：

```
sc = StandardScaler()
sc.fit(X_train)

X_train = sc.transform(X_train)
X_val = sc.transform(X_val)
```

　请记住，您应该**只对训练集** fit 这个 StandardScaler，然后使用它的 transform 方法将预处理步骤应用于**所有数据集**：训练、验证和测试。否则，您会将验证集和/或测试集的信息**泄露**给自己的模型。

 数据准备

希望您已经对这一步感到熟悉了。与往常一样，数据准备步骤将 Numpy 数组转换为 PyTorch 张量，为它们构建 TensorDatasets，并创建相应的*数据加载器*。

数据准备：

```
1   torch.manual_seed(13)
2
3   #从 Numpy 数组构建张量
4   x_train_tensor = torch.as_tensor(X_train).float()
5   y_train_tensor = torch.as_tensor(y_train.reshape(-1, 1)).float()
6
7   x_val_tensor = torch.as_tensor(X_val).float()
8   y_val_tensor = torch.as_tensor(y_val.reshape(-1, 1)).float()
9
10  #构建包含所有数据点的数据集
11  train_dataset = TensorDataset(x_train_tensor, y_train_tensor)
12  val_dataset = TensorDataset(x_val_tensor, y_val_tensor)
13
14  #构建每个集合的加载器
15  train_loader = DataLoader(dataset=train_dataset, batch_size=16,
16  shuffle=True)
    val_loader = DataLoader(dataset=val_dataset, batch_size=16)
```

训练集中有 80 个数据点（$N = 80$）。有**两个特征**，x_1 和 x_2，**标签**（y）是 **0**（红色）或 **1**（蓝色）。我们有了一个数据集；现在需要一个——

 模型

给定**分类问题**，更直接的模型之一是**逻辑斯蒂回归**。但是，我不会简单地展示并立即使用它，而是要**建立它**。这种方法背后的基本原理有两个方面：第一，如果将这种算法用于分类，它将明确为什么这种算法被称为逻辑斯蒂回归；第二，您将**清楚地了解 logit** 是什么。

好吧，既然它被称为逻辑斯蒂**回归**，我会说**线性回归**是建立它的一个很好的起点。具有两个特征的线性回归模型会是什么样子的？见式 3.1。

$$y = b + w_1 x_1 + w_2 x_2 + \epsilon$$

式 3.1-具有两个特征的线性回归模型

上面的模型有一个明显的**问题**：**标签**（y）是**离散的**；也就是说，它们不是 **0** 就是 **1**；不允许是其他值。需要**稍微改变模型**，以使其适应我们的目的……

 "如果将**正**的输出分配为 **1**，将**负**的输出分配为 **0**，会怎么样？"

有道理，对吧？无论如何，已经称它们为**正类和负类**；为什么不善用它们的名字呢？模型看起来像这样：

$$y = \begin{cases} 1, & b + w_1 x_1 + w_2 x_2 \geq 0 \\ 0, & b + w_1 x_1 + w_2 x_2 < 0 \end{cases}$$

式 3.2-将线性回归模型映射为离散标签

logit

为了让生活更轻松，给上面等式的右边取一个名字：logit(z)。

$$z = b + w_1 x_1 + w_2 x_2$$

式 3.3–计算 logit

上面的等式与原始**线性回归模型**惊人的相似，但将结果值称为 z 或 **logit**，而不是 y 或**标签**。

"这是否意味着 **logit** 与**线性回归**相同？"

不完全是……它们之间有一个**根本区别**：式 3.3 中**没有误差项**(?)。

"如果没有误差项，**不确定性**从何而来？"

我很高兴您问这个问题。这就是**概率**的作用：不会将数据点分配给**离散标签(0 或 1)**，而是**计算数据点属于正类的概率**。

概率

如果一个数据点的 **logit** 等于 **0**，则它恰好位于决策边界，因为它既不是正数也不是负数。为了完整起见，将它纳入**正类**，但是这个分配具有**最大的不确定性**，对吧？因此，相应的**概率需要为 0.5(50%)**，因为它可以是任何一种方式……

根据这个推理，希望将**较大的正 logit 值**分配给**较高的概率**(在正类中)，并将**较大的负 logit 值**分配给**较低的概率**(在正类中)。

对于非常大的正负 **logit 值**(z)，希望：

$$P(y=1) \approx 1.0, z \gg 0$$
$$P(y=1) = 0.5, z = 0$$
$$P(y=1) \approx 0.0, z \ll 0$$

式 3.4–赋予不同 logit 值的概率(z)

我们仍然需要找出一个将 **logit 值**映射到**概率**的**函数**。很快就能做到这点，但首先，需要谈谈——

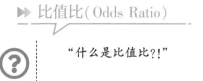 比值比(Odds Ratio)

"什么是比值比？!"

这是一个口语化的表述，意思是不太可能发生的事情。但**比值**不一定是指不太可能发生的事件或微小的概率发生。在(公平的)抛硬币中**正面**朝上的比值是 1∶1，因为有 50% 的成功概率和 50% 的失败概率。

假设我们正在为世界杯决赛的冠军下注。有两个国家：**A** 和 **B**。**A** 国是**最受欢迎的**：它有 75% 的获胜概率。因此，**B** 国只有 25% 的获胜概率。如果您下注 **A** 国，您获胜的概率，即您的**赔率**（**胜出**）为 **3 : 1**(75% : 25%)。如果您决定测试自己的运气并对 **B** 国下注，您获胜的概率，即您的**赔率**（**胜出**）为 **1 : 3**(25% : 75%)，或 **0. 33 : 1**。

比值比由**成功概率**(p)和**失败概率**(q)之间的**比率**给出：

$$比值比(p) = \frac{p}{q} = \frac{p}{1-q}$$

式 3.5-比值比

在代码中，odds_ratio(比值比)函数如下所示：

```
def odds_ratio(prob):
    return prob / (1 - prob)

p = .75
q = 1 - p
odds_ratio(p), odds_ratio(q)
```

输出：

```
(3.0, 0.3333333333333333)
```

我们还可以**绘制**从 1% 到 99% 的概率结果的**比值比**(如图 3.2 所示)。红点对应的概率为 25%(q)、50% 和 75%(p)。

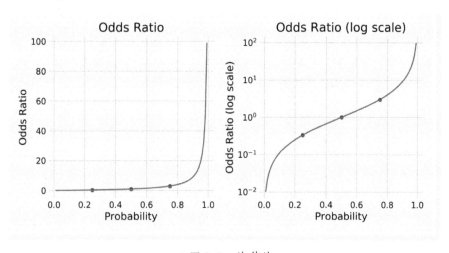

• 图 3.2　比值比

显然，比值比(如图 3.2 的左图所示)**不对称**。但是，在**对数范围**(如图 3.2 的右图所示)中，它是对称的。这很有用，因为我们正在寻找一个将 **logit 值**映射到概率的**对称函数**。

　　"为什么**需要对称**?"

如果函数**不**对称，**正类**的不同选择会产生**不**等价的模型。但是，使用对称函数，可以使用**相同的数据集**训练**两个等效模型**，只需翻转类即可：

蓝色模型[正类($y=1$)对应**蓝色点**]。

- 数据点 1：$P(y=1) = P(蓝) = 0.83$（与 $P(红) = 0.17$ 相同）。

红色模型[正类($y=1$)对应**红色点**]。

- 数据点 1：$P(y=1) = P(红) = 0.17$（与 $P(蓝) = 0.83$ 相同）。

▶▶ 对数比值比

通过取比值比的对数，该函数不仅是对称的，还将概率映射为实数，而不仅仅是正数。

$$对数比值比(p) = \log\left(\frac{p}{1-p}\right)$$

式 3.6-对数比值比

在代码中，**log_odds_ratio**(对数比值比)函数如下所示：

```
def log_odds_ratio(prob):
    return np.log(odds_ratio(prob))

p = .75
q = 1 - p
log_odds_ratio(p), log_odds_ratio(q)
```

输出：

```
(1.0986122886681098, -1.0986122886681098)
```

正如预期的那样，**加起来为 100%**（如 75%和 25%）的概率对应于**绝对值相同**的**对数比值比**。让我们绘制它，如图 3.3 所示。

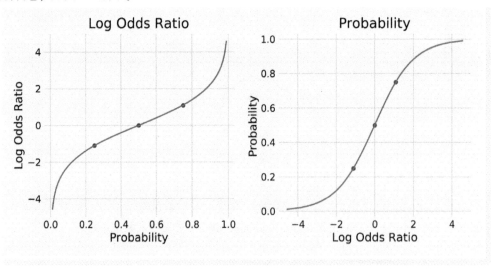

● 图 3.3 对数比值比和概率

在图 3.3 的左图，**每个概率映射为对数比值比**。红点对应的概率为 25%、50% 和 75%，和之前一样。

如果**翻转**水平轴和垂直轴(如图 3.3 的右图所示)，正在**反转函数**，从而将**每个对数比值比映射为概率**。这就是我们正在寻找的功能。

它的形状是不是很眼熟？等着看吧……

▶▶ 从 logit 到概率

在上一节中，我们试图**将 logit 值映射到概率**，发现了一个**将对数比值比映射到概率的函数**。

显然，**logit 是对数比值比**。当然，得出这样的结论不是很科学，但这个练习的目的是说明回归的结果[由 logit(z) 表示]如何被映射成概率。

所以，这就是得出的结果：

$$b + w_1 x_1 + w_2 x_2 = z = \log\left(\frac{p}{1-p}\right)$$

$$e^{b+w_1 x_1 + w_2 x_2} = e^z = \frac{p}{1-p}$$

式 3.7-回归、logit 和对数比值比

稍微计算一下这个等式，反转、重新排列和简化一些项以**隔离** p：

$$\frac{1}{e^z} = \frac{1-p}{p}$$

$$e^{-z} = \frac{1}{p} - 1$$

$$1 + e^{-z} = \frac{1}{p}$$

$$p = \frac{1}{1+e^{-z}}$$

式 3.8-从 logit(z) 到概率(p)

是不是很眼熟？这是一个 **Sigmoid 函数**。它是**对数比值比的倒数**。

$$p = \sigma(z) = \frac{1}{1+e^{-z}}$$

式 3.9-Sigmoid 函数

Sigmoid 函数：

```python
def sigmoid(z):
    return 1 / (1 + np.exp(-z))


p = .75
q = 1 - p
sigmoid(log_odds_ratio(p)), sigmoid(log_odds_ratio(q))
```

输出：

```
(0.75, 0.25)
```

 Sigmoid

不过，我们没有必要实现自己的 Sigmoid 函数。PyTorch 提供了两种使用 **Sigmoid** 的不同方式：torch.sigmoid 和 nn.Sigmoid。

第一个是一个简单的**函数**，但它是将一个张量作为输入并返回另一个张量(如图 3.4 所示)：

```
torch.sigmoid(torch.tensor(1.0986)), torch.sigmoid(torch.tensor(-1.0986))
```

输出：

```
(tensor(0.7500), tensor(0.2500))
```

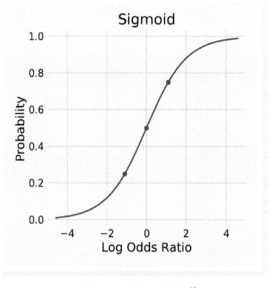

● 图 3.4　Sigmoid 函数

第二个是继承自 nn.Module 的成熟**类**：它**本身就是一个模型**。这是一个非常简单直接的模型：它只实现了一个 forward 方法，该方法出人意料地调用了 torch.sigmoid。

　"为什么您需要一个 **Sigmoid** 函数的**模型**?"

请记住，模型可以用作另一个更大模型的**层**。这正是要对 **Sigmoid 类**做的事情。

Sigmoid、非线性和激活函数

Sigmoid 函数是**非线性**的。正如刚刚看到的那样，它可以用于将 **logit** 映射到**概率**，但这**不是**它的唯一目的。

非线性函数在神经网络中**起着基本作用**。我们知道这些非线性的通常名称是**激活函数**。

Sigmoid 是"受生物启发的",也是过去第一个使用的激活函数。紧随其后的是双曲正切(TanH),最近又出现了整流线性单元(ReLU)及其衍生的一整套函数。

此外,**没有非线性函数就没有神经网络**。您有没有想过,如果神经网络的**所有激活函数都被移除**,不管它有多少层,它会发生什么?

我将在下一章讨论这个主题,但我提前揭晓答案:该网络**相当于线性回归**。真实的故事!

▶▶ 逻辑斯蒂回归

给定**两个特征**x_1和x_2,该模型将拟合**线性回归**,使其输出为 logit(z),使用 **Sigmoid 函数**将其转换为**概率**。

$$P(y=1) = \sigma(z) = \sigma(b + w_1 x_1 + w_2 x_2)$$

式 3.10-逻辑斯蒂回归

一图胜千言,把它形象化,如图 3.5 所示。

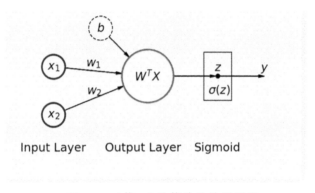

Input Layer   Output Layer   Sigmoid

● 图 3.5 (第二)最简单的神经网络

可以将**逻辑斯蒂回归**视为可能的**第二最简单的神经网络**。它**与线性回归几乎相同**,只是将 **Sigmoid** 应用于输出层(z)的结果。

下面使用 Sequential 模型在 PyTorch 中构建逻辑斯蒂回归:

```
torch.manual_seed(42)
model1 = nn.Sequential()
model1.add_module('linear', nn.Linear(2, 1))
model1.add_module('sigmoid', nn.Sigmoid())
print(model1.state_dict())
```

输出:

```
OrderedDict([('linear.weight', tensor([[0.5406, 0.5869]])),
             ('linear.bias', tensor([-0.1657]))])
```

您是否注意到 state_dict 仅包含来自**线性**层的参数?尽管模型有第二个 **Sigmoid** 层,但该层不包含任何参数，因为它不需要学习任何东西：Sigmoid 函数都是相同的，无论它属于哪个模型。

关于符号的注释

到目前为止，我们已经处理了**一个特征**（到第 2 章为止）或**两个特征**（本章）。它能够拼写出等式，并列写出所有项。

但是当将**图像作为输入**时，特征的数量很快就会增加。所以需要就**向量化特征**的符号达成一致。实际上，我已经在图 3.5 中使用过它。

权重（W）和**特征**（X）的向量化表示为：

$$W = \begin{bmatrix} b \\ w_1 \\ w_2 \end{bmatrix} \underset{(3\times1)}{} ; \quad X = \begin{bmatrix} 1 \\ x_1 \\ x_2 \end{bmatrix} \underset{(3\times1)}{}$$

我总是把维度放在向量下方，以使其更清晰。

如图 3.5 所示，$\text{logit}(z)$ 由以下数学表达式给出：

$$z = W^T \cdot X = \underset{(1\times3)}{\begin{bmatrix} - & w^T & - \end{bmatrix}} \cdot \begin{bmatrix} 1 \\ x_1 \\ x_2 \end{bmatrix}_{(3\times1)} = \underset{(1\times3)}{\begin{bmatrix} b & w_1 & w_2 \end{bmatrix}} \cdot \begin{bmatrix} 1 \\ x_1 \\ x_2 \end{bmatrix}_{(3\times1)}$$

$$= b + w_1 x_1 + w_2 x_2$$

从现在开始，不再使用最后一个长的表达式，而是使用第一个更简洁的表达式。

损失

已经有了一个模型，现在需要为它定义一个合适的**损失**。**二元分类**问题需要**二元交叉熵**（**BCE**）**损失**，有时称为**对数损失**。

BCE 损失需要由 **Sigmoid 函数**返回的**预测概率**和**真实标签**（y）来计算。对于训练集中的每个数据点 i，它首先计算与该点**真实类别**对应的**误差**。

如果数据点属于**正类**（$y=1$），则希望模型能**预测接近 1 的概率**，对吗？一个**完美的结果**是 **1 的对数**，即 **0**。这说得通；**一个完美的预测意味着 0 损失**。它是这样的：

$$y_i = 1 \Rightarrow 误差_i = \log(P(y_i=1))$$

式 3.11-正类中数据点的误差

如果数据点属于**负类**（$y=0$）怎么办？那么**不能**简单地使用预测概率。为什么不能？因为模型输出的是属于正类而不是负类点的概率。幸运的是，后者可以很容易地计算出来：

$$P(y_i=0) = 1 - P(y_i=1)$$

式 3.12-属于负类的数据点的概率

因此，与属于**负类**的数据点相关的**误差**如下所示：

$$y_i = 0 \Rightarrow 误差_i = \log(1 - P(y_i = 1))$$

式 3.13-负类中数据点的误差

一旦计算了所有误差，它们就会被**汇总为一个损失值**。对于二元交叉熵损失，只需取误差的**平均值并反转其符号**即可。

$$BCE(y) = -\frac{1}{N_{正} + N_{负}} \Big[\sum_{i=1}^{N_{正}} \log(P(y_i = 1)) + \sum_{i=1}^{N_{负}} \log(1 - P(y_i = 1)) \Big]$$

式 3.14-二元交叉熵公式(直观的方法)

假设有两个虚拟数据点，每个类别一个。然后，假设模型为它们做出了预测：0.9 和 0.2。预测还不错，因为它预测实际正的概率为 90%，而实际负的概率只有 20%。这在代码中看起来如何？在这里，它是：

```
dummy_labels = torch.tensor([1.0, 0.0])
dummy_predictions = torch.tensor([.9, .2])

#正类(labels == 1)
positive_pred = dummy_predictions[dummy_labels == 1]
first_summation = torch.log(positive_pred).sum()
#负类(labels == 0)
negative_pred = dummy_predictions[dummy_labels == 0]
second_summation = torch.log(1 - negative_pred).sum()
# n_total = n_pos + n_neg
n_total = dummy_labels.size(0)

loss = -(first_summation + second_summation) / n_total
loss
```

输出：

```
tensor(0.1643)
```

第一次求和将与正类中的点对应的误差相加。第二次求和将与负类中的点对应的误差相加。我相信**上面的公式**非常**简单易懂**。不幸的是，它通常被跳过，只给出它的等价式：

$$BCE(y) = -\frac{1}{N} \sum_{i=1}^{N} \big[y_i \log(P(y_i = 1)) + (1 - y_i) \log(1 - P(y_i = 1)) \big]$$

式 3.15-二元交叉熵公式(巧妙的方法)

上面的公式是在单一表达式中计算损失的一种巧妙方法，但正负点的分割不太明显。如果您停顿一下，就会发现**正类**($y = 1$)中的点的**第二项等于 0**，而**负类**($y = 0$)中的点的**第一项等于 0**。看看它在代码中的样子：

```
summation = torch.sum(
    dummy_labels * torch.log(dummy_predictions) +
    (1 - dummy_labels) * torch.log(1 - dummy_predictions)
)
loss = -summation / n_total
loss
```

输出：

```
tensor(0.1643)
```

当然，得到了和前面一样的损失（0.1643）。

有关此损失函数背后的基本原理更加详细的解释，请务必查看我的帖文："Understanding binary cross-entropy / log loss：a visual explanation"[67]。

 BCELoss

当然，PyTorch 实现了二元交叉熵损失，即 nn.BCELoss。就像第 1 章介绍的回归对应函数 MSELoss 一样，它是一个**返回实际损失函数**的高阶函数。

BCELoss 高阶函数需要两个**可选**参数（其他参数已弃用，您可以放心地忽略它们）：

- reduction：取 mean、sum 或 none。默认值 mean 对应于上面的**式 3.15**。正如预期的那样，sum 将返回误差的总和，而不是平均值。最后一个选项 none 对应于**未简化**的形式，即它返回完整的**误差数组**。

- weight：默认值为 none，表示每个数据点的权重相同。如果得到通知，它需要的是一个张量，其大小等于小批量中的元素数量，表示分配给批量中每个元素的权重。换句话说，此参数允许您根据其位置为当前批量的每个元素分配不同的权重。因此，**第一个元素**将具有给定的权重，**第二个元素**将具有不同的权重，依此类推（**无论该特定数据点的实际类别如何**）……听起来很困惑？很奇怪吗？是的，这很奇怪，我也这么认为。当然，这不是无用的，也不是错误的，但是正确使用这个参数是一个更高级的话题，这已超出了本书的范围，不再赘述。

 这个参数**对加权不平衡的数据集没有帮助**！我们很快就会看到如何处理它。

对应于式 3.15，坚持使用默认参数。

```
loss_fn = nn.BCELoss(reduction='mean')

loss_fn
```

输出：

```
BCELoss()
```

不出所料，BCELoss 返回了另一个函数，也就是实际的损失函数。后者同时采用预测和标签来计算损失。

 重要提示：确保先将**预测**传递给损失函数，然后再将**标签**传递给损失函数。执行此损失函数的**顺序**与均方误差不同。

检查一下：

```
dummy_labels = torch.tensor([1.0, 0.0])
dummy_predictions = torch.tensor([.9, .2])
```

```
#正确
right_loss = loss_fn(dummy_predictions, dummy_labels)

#错误
wrong_loss = loss_fn(dummy_labels, dummy_predictions)

print(right_loss, wrong_loss)
```

输出：

```
tensor(0.1643) tensor(15.0000)
```

显然，顺序很重要。这很重要，因为 BCELoss 采用概率的对数，这是预期的**第一个参数**。如果交换参数，它将产生不同的结果。在第 1 章使用 MSELoss 时，遵循了相同的约定——**首先是预测，然后是标签**——尽管它在那里没有任何区别。

到目前为止，一切都很好。但是还有**另一种**二元交叉熵损失可用，知道**何时使用其中一个非常重要**，因此您最终不会得到模型和损失函数的不一致组合。此外，您会明白我为什么对 **logit** 如此重视。

▶▶ BCEWithLogitsLoss

前一个损失函数将概率作为参数(显然与标签一起)，此损失函数将 **logit** 作为参数，而不是概率。

"实际上，这意味着什么?"

这意味着在使用此损失函数时，您**不应添加 Sigmoid 作为模型的最后一层**。这种损失将 **Sigmoid 层和之前的二元交叉熵损失合二为一**。

重要提示：我怎么强调都不为过——您**必须**使用**模型和损失函数的正确组合**。

选项 1：nn.Sigmoid 作为**最后**一层，这意味着您的模型正在产生**概率**，并结合 nn.BCELoss 函数。

选项 2：最后一层**没有 nn.Sigmoid**，这意味着您的模型正在生成 **logit**，并结合 nn.BCEWithLogitsLoss 函数。

混合 nn.Sigmoid 和 nn.BCEWithLogitsLoss 是**错误的**。此外，**选项 2 是首选**，因为它在数值上比选项 1 更稳定。

现在参数的区别已经很清楚了，让我们仔细看看 nn.BCEWithLogitsLoss 函数。它也是一个高阶函数，需要以下 3 个**可选**参数(其他参数已弃用，您可以放心地忽略它们)：

- reduction：取 mean、sum 或 none，其工作方式与 nn.BCELoss 中的一样，默认值为 mean。
- weight：这个参数也像在 nn.BCELoss 中一样，而且不太可能被使用。
- pos_weight：正例的权重，它必须是长度等于**与数据点关联的标签数量**的张量(文档中提到了类别，而不是标签，这只会让一切变得更加混乱）。

明确一点：在本章中，处理的是**单标签二元分类**(每个数据点只有**一个标签**)，并且**标签是二元的**(只有两个可能的值，即 0 或 1)。如果标签为 **0**，属于**负类**；如果标签为 **1**，则属于**正类**。

请不要将单标签的正负类与文档中所谓的**类别号** c 混淆。该 c 对应于**与数据点关联的不同标签的数量**。在我们的示例中：$c=1$。

您可以使用这个参数来处理**不平衡的数据集**，但它的意义远不止于此……我们将在下一小节再讨论这个问题。

说得够多了(或写得够多了)……该看看如何在代码中使用这种损失了。首先创建损失函数本身：

```
loss_fn_logits = nn.BCEWithLogitsLoss(reduction='mean')

loss_fn_logits
```

输出：

```
BCEWithLogitsLoss()
```

接下来，使用 **logit** 和**标签**来计算损失。遵循和之前一样的原则，**先 logit，再标签**。为了使示例保持一致，使用 log_odds_ratio 函数获取对应于我们之前使用的概率 0.9 和 0.2 的 logit 值：

```
logit1 = log_odds_ratio(.9)
logit2 = log_odds_ratio(.2)

dummy_labels = torch.tensor([1.0, 0.0])
dummy_logits = torch.tensor([logit1, logit2])

print(dummy_logits)
```

输出：

```
tensor([ 2.1972, -1.3863])
```

有 logit，又有标签，是时候计算损失了：

```
loss = loss_fn_logits(dummy_logits, dummy_labels)
loss
```

输出：

```
tensor(0.1643)
```

好了，正如预期的那样，得到了相同的结果。

▶▶ 不平衡数据集

在具有两个数据点的虚拟示例中，每一个数据点就是一个类别：正和负。数据集完美平衡。让我们创建另一个不平衡的虚拟示例，添加**两个属于负类的额外数据点**。为了简单起见并说明 BCEWithLogitsLoss 行为中的一个*怪癖*，我将给这两个额外点与负类中的其他数据点**相同的 logit**。它看起来像这样：

```
dummy_imb_labels = torch.tensor([1.0, 0.0, 0.0, 0.0])
dummy_imb_logits = torch.tensor([logit1, logit2, logit2, logit2])
```

显然，这是一个**不平衡的数据集**。负类中的数据点是正类的 **3 倍以上**。现在，转向 BCEWithLogitsLoss 的 pos_weight 参数。为了弥补不平衡，可以将权重设置为负例与正例的比率：

$$pos\_weight = \frac{\text{负类中数据点的数量}}{\text{正类中数据点的数量}}$$

在不平衡虚拟示例中，结果将是 3.0。这样，正类中的每个点都会将其相应的**损失乘以 3**。由于每个数据点 ($c = 1$) 都有**一个标签**，因此**用作 pos_weight 参数的张量只有一个元素**：[3.0]。我们可以这样计算：

```
n_neg = (dummy_imb_labels == 0).sum().float()
n_pos = (dummy_imb_labels == 1).sum().float()

pos_weight = (n_neg / n_pos).view(1,)
pos_weight
```

输出：

```
tensor([3])
```

现在，创建另一个损失函数，这次包括 pos_weight 参数：

```
loss_fn_imb = nn.BCEWithLogitsLoss(
    reduction='mean',
    pos_weight=pos_weight
)
```

然后，可以使用这个**加权**损失函数来计算**不平衡数据集**的损失。我想人们会预料到和以前**一样的损失**，毕竟，这是一个*加权*损失。对吗？

```
loss = loss_fn_imb(dummy_imb_logits, dummy_imb_labels)
loss
```

输出：

```
tensor(0.2464)
```

错了！当有两个数据点，每个类一个时，它是 0.1643。现在它是 0.2464，**即使为正类分配了权重**。

        "为什么不同?"

好吧，事实证明，PyTorch **不计算加权平均值**。下面是您对加权平均值的期望：

$$\text{加权平均值} = \frac{\text{pos\_weight} \times \sum_{i=1}^{N_{\text{正}}} \text{损失}_i + \sum_{i=1}^{N_{\text{负}}} \text{损失}_i}{\text{pos\_weight} \times N_{\text{正}} + N_{\text{负}}}$$

式 3.16–损失的加权平均值

但下面是 PyTorch 所做的：

$$\text{BCEWithLogitsLoss} = \frac{\text{pos\_weight} \times \sum_{i=1}^{N_{\text{正}}} \text{损失}_i + \sum_{i=1}^{N_{\text{负}}} \text{损失}_i}{N_{\text{正}} + N_{\text{负}}}$$

式 3.17–PyTorch 的 BCEWithLogitsLoss

看到分母的区别了吗？当然，如果您将正例的**损失相乘**，而**不乘以它们的计数**（ N ），最终会得到一个**大于实际加权平均值的数值**。

> "如果我**真的**想要加权平均值怎么办?"

说实话，这并不难。还记得 reduction 参数吗？如果将其设置为 sum，损失函数将只返回上述等式的**分子**。然后可以自己除以加权计数：

```
loss_fn_imb_sum = nn.BCEWithLogitsLoss(
    reduction='sum',
    pos_weight=pos_weight
)

loss = loss_fn_imb_sum(dummy_imb_logits, dummy_imb_labels)

loss = loss / (pos_weight * n_pos + n_neg)
loss
```

输出：

```
tensor([0.1643])
```

我们实现了想要的效果。

 模型配置

在第 2.1 章中，最终得到了一个精简的**模型配置**部分：只需要定义一个**模型**、一个适当的**损失函数**和一个**优化器**。定义一个**产生 logit** 的模型，并使用 BCEWithLogitsLoss 作为损失函数。由于有**两个特征**，并且生成的是 logit 而不是概率，所以我们的模型**只有一层**和一个单独的层：Linear（2,1）。现在将继续使用学习率为 0.1 的 SGD 优化器。

下面是分类问题的模型配置。

模型配置：

```
1   #设置学习率
2   lr = 0.1
3
4   torch.manual_seed(42)
5   model = nn.Sequential()
6   model.add_module('linear', nn.Linear(2, 1))
7
8   #定义 SGD 优化器来更新参数
9   optimizer = optim.SGD(model.parameters(), lr=lr)
10
11  #定义 BCE 损失函数
12  loss_fn = nn.BCEWithLogitsLoss()
```

 模型训练

是时候**训练**模型了。可以利用在第 2.1 章中构建的 StepByStep 类，并使用与以前几乎相同的代码：

模型训练：

```
1   n_epochs = 100
2
3   sbs = StepByStep(model, loss_fn, optimizer)
4   sbs.set_loaders(train_loader, val_loader)
5   sbs.train(n_epochs)
```

```
fig = sbs.plot_losses()
```

您是对的，**验证损失小于训练损失**(如图 3.6 所示)。不应该反过来吗?! 好吧，一般来说，是的，应该是这样的……但是您可以在[68]这篇很棒的帖子中了解更多关于发生这种**交换**的情况。在我们的例子中，**验证集更容易**分类：如果您查看本章开头的图 3.1，会注意到右图(验证)中的红点和蓝点没有左图(训练)中的那些混乱。

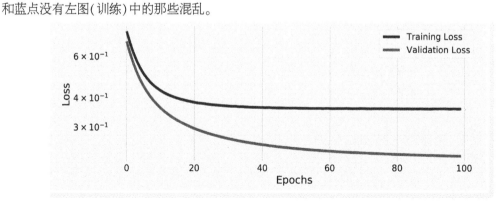

● 图 3.6　训练和验证损失

"等等，这个图形看起来有些奇怪……"您说。

明白这一点后，是时候检查模型的训练参数了：

```
print(model.state_dict())
```

输出：

```
OrderedDict([('linear.weight', tensor([[ 1.1822, -1.8684]], device='cuda:0')),
             ('linear.bias', tensor([-0.0587], device='cuda:0'))])
```

模型产生了 **logit**，对吧？所以可以将上面的权重代入相应的 **logit 等式**（式 3.3），最终得到：

$$z = b + w_1 x_1 + w_2 x_2$$
$$z = -0.0587 + 1.1822\, x_1 - 1.8684\, x_2$$

式 3.18-模型的输出

上面的 z 值是**模型的输出**。这是一个"美化的线性回归"，可这是一个分类问题。怎么会这样?! 保持这个想法，在下一节"决策边界"中这一想法将变得更加清晰。

但是，在继续走下去之前，我想使用模型（和 StepByStep 类）对训练集中的前 4 个数据点**进行预测**：

做出预测（logit）：

```
predictions = sbs.predict(x_train_tensor[:4])
predictions
```

输出：

```
array([[ 0.20252657],
       [ 2.944347  ],
       [ 3.6948545 ],
       [-1.2356305 ]],dtype=float32)
```

显然，这些不是概率，对吧？正如预期的那样，这些是 **logit**。

不过，仍然可以得到相应的概率。

"如何从 logit 到概率"，您问，只是为了确保您做对了。

这就是 **Sigmoid 函数**的优点。

做出预测（概率）：

```
probabilities = sigmoid(predictions)
probabilities
```

输出：

```
array([[0.5504593 ],
       [0.94999564],
       [0.9757515 ],
       [0.22519748]],dtype=float32)
```

现在开始讨论。根据模型，这些是这四个点成为正例的**概率**。

最后，需要从概率到类别。如果**概率大于或等于某个阈值**，则为**正例**。如果**小于阈值**，则为**负例**。很简单。**阈值**的简单选择是**0.5**：

$$y = \begin{cases} 1, P(y=1) \geq 0.5 \\ 0, P(y=1) < 0.5 \end{cases}$$

式 3.19-从概率到类别

但概率本身只是应用于 $\text{logit}(z)$ 的 **Sigmoid** 函数：

$$y = \begin{cases} 1, \sigma(y=1) \geq 0.5 \\ 0, \sigma(y=1) < 0.5 \end{cases}$$

式 3.20-通过 Sigmoid 函数从 logit 到类别

只有当 $\text{logit}(z)$ 的值为 **0** 时，**Sigmoid** 函数的值才为 **0.5**：

$$y = \begin{cases} 1, z \geq 0 \\ 0, z < 0 \end{cases}$$

式 3.21-直接从 logit 到类别

因此，如果不关心概率，则可以直接使用**预测**(**logit**)来获得数据点的**预测类别**。

做出预测(类别)：

```
classes = (predictions >= 0).astype(int)
classes
```

输出：

```
array([[1],
       [1],
       [1],
       [0]])
```

显然，$\text{logit}(z)$ **等于 0** 的点决定了**正例**和**负例**之间的**边界**。

"为什么是 0.5？我可以选择**不同的阈值**吗？"

当然可以。**不同的阈值**会给您**不同的混淆矩阵**，因此也会有**不同的指标**，如准确率、精确率和召回率。我们将在"决策边界"部分再讨论这个问题。

顺便说一句，您是否还持有"美化的线性回归"的想法？很好！

决策边界

刚刚发现，只要 z **等于 0**，就处于**决策边界**。但是 z 是由特征 x_1 和 x_2 的**线性组合**给出的。如果进行一些基本操作，会得出：

$$z = 0 = b + w_1 x_1 + w_2 x_2$$

$$-w_2 x_2 = b + w_1 x_1$$

$$x_2 = -\frac{b}{w_2} - \frac{w_1}{w_2} x_1$$

式 3.22-具有两个特征的逻辑斯蒂回归的决策边界

给定模型（b、w_1 和 w_2），对于第一个特征（x_1）的任何值，可以计算**恰好位于决策边界**的第二个特征（x_2）的相应值。

 看上面的表达式：这是**一条直线**。这意味着**决策边界是一条直线**。

将训练好的模型的权重代入其中：

$$x_2 = -\frac{0.0587}{1.8684} + \frac{1.1822}{1.8684} x_1$$

$$x_2 = -0.0314 + 0.6327\, x_1$$

一图胜千言，对吧？让我们绘制它，如图 3.7 所示。

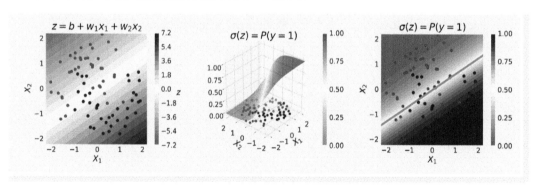

● 图 3.7　决策边界（训练数据集）

图 3.7 说明了一切。它仅包含**训练集**中的**数据点**。因此，这就是模型在训练时"看到"的内容。它将尝试实现两个类别之间的**最佳分离**，用**红色**（负类）和**蓝色**（正类）点表示。

在图 3.7 的左图中，有一个 logit（z）的**等高线图**（还记得第 0 章中损失面的那些图吗？）。

在图 3.7 的中图中，有一个将 **Sigmoid 函数**应用于 logit 所产生的**概率**的 3D 图。您甚至可以在 3D 图中看到 Sigmoid 函数的**形状**，左侧接近 0，右侧接近 1。

在图 3.7 的右图中，有一个**概率**的等高线图，它与中间的图相同，但没有酷炫的 3D 效果。也许它没有那么酷，但肯定更容易理解发生了什么。**较深的蓝色**(**红色**)意味着**较高**(**较低**)**的概率**，将**决策边界作为一条灰色直线**，对应于 50% 的**概率**(logit 值为 0)。

> **逻辑斯蒂回归总是用一条直线分隔两个类别。**

模型生成了一条直线，可以很好地区分红点和蓝点，对吧？嗯，反正也没那么难，因为蓝点多集中在右下角，而红点多集中在左上角。换句话说，这些类别是完全**可分离**的。

> **类别越可分离，损失就越低**。

现在可以理解**验证损失低**于训练损失的原因了。在验证集中，类别比在训练集中**更可分离**。使用训练集获得的**决策边界**可以**更好地**分离红点和蓝点。检查一下，根据与上面**相同的等高线图**绘制**验证集**，如图 3.8 所示。

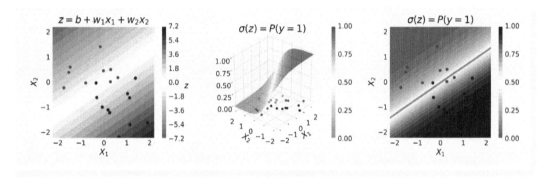

● 图 3.8　决策边界(验证数据集)

看到了吗？除了两个红色和一个蓝色这三个点非常接近决策边界之外，数据点被正确分类。**确实更可分离**。

我的数据点是可分离的吗？

这是一个价值百万美元的问题。在上面的例子中，可以清楚地看到验证集中的数据点比训练集中的数据点**更容易分开**。

如果这些点**根本不可分**会发生什么？绕道而行，看看另一个包含 10 个数据点的小型数据集，其中 7 个是红色的，3 个是蓝色的。颜色是**标签**(y)，每个数据点都有**一个特征**(x_1)。可以把它们画在**一条线**上，毕竟，我们只有**一个维度**。

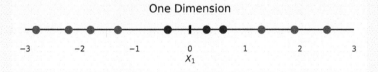

您能**用一条直线把蓝点和红点分开**吗？显然不能……这些点是**不可分**的（在一维中）。那应该放弃吗？

"永不放弃，永不投降！"

如果它在一个维度上不起作用，请尝试使用两个。但是又有一个问题：另一个维度是从哪里来的？可以在这里使用一个**技巧**：将一个**函数**应用于**原始维度（特征）**并将结果用作**第二维度（特征）**。很简单，对吧？

对于现有的小数据集，可以尝试**平方函数**：

$$X_2 = f(X_1) = X_1^2$$

它看起来怎样？

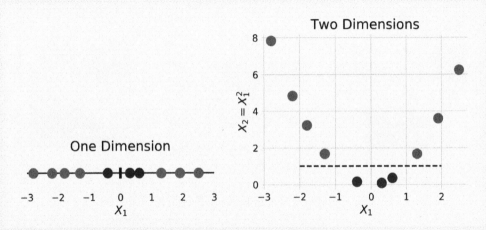

回到最初的问题："您能用一条直线把蓝点和红点分开吗？"

在二维中，这简直是小菜一碟。

维度越多，点的可分性就越强。

解释这个技巧为什么有效已超出了本书的知识范围，这里不做详细展开。重要的是要**理解这里的大意**：随着**维数的增加，空的空间越来越多**。如果数据点相距较远，则可能更容易将它们分开。在二维中，决策边界是一条直线。在三维中，它是一个平面。在四维及更多维度中，它是一个超平面（对于您无法绘制的平面的更花哨的措辞）。

您听说过支持向量机（**SVM**）的**内核技巧**吗？这几乎就是它的作用。**内核**只不过是用来创建附加维度的**函数**。使用的平方函数是**多项式**，所以使用了**多项式内核**。

很好的问题。事实证明：**神经网络**也可以**增加维度**。如果您添加的**隐藏层单元数**多于**特征数**，就会发生这种情况。例如：

```
model = nn.Sequential()
model.add_module('hidden', nn.Linear(2, 10))
model.add_module('activation', nn.ReLU())
model.add_module('output', nn.Linear(10, 1))
model.add_module('sigmoid', nn.Sigmoid())

loss_fn = nn.BCELoss()
```

上面的模型将维度**从二维**(两个特征)增加到**十维**，然后使用这**十维来计算 logit**。但它**只有在各层之间存在激活函数时才有效**。

我想您现在可能有两个问题："为什么会这样?"和"实际上什么是激活函数?"。这很合理。但这些是下一章的内容。

分类阈值

此部分是**可选的**。在其中，我将深入探讨使用不同的分类阈值以及它如何影响混淆矩阵。我将解释最常见的分类指标：真阳性率和假阳性率、精确率和召回率以及准确率。最后，我将向您展示如何组合这些指标来构建 ROC 和精确率–召回率曲线。

如果您已经熟悉了这些概念，请随意跳过本节。

到目前为止，鉴于模型预测的概率，一直在使用 50% 的普通阈值来对数据点进行分类。更深入地研究一下，看看**选择不同阈值的效果**。将处理**验证集**中的数据点，其中只有 **20 个数据点**，因此可以轻松**跟踪所有数据点**。

首先，计算 logit 和相应的概率。

评估：

```
logits_val = sbs.predict(X_val)
probabilities_val = sigmoid(logits_val).squeeze()
```

然后，**把概率可视化在一条直线上**。这意味着要把花哨的等高线图变为**更简单的图形**，如图 3.9所示。

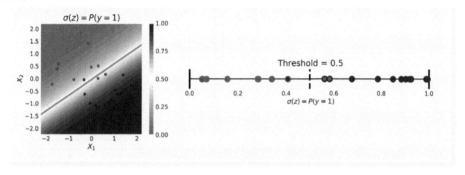

● 图 3.9　一条直线上的概率

图 3.9 的左图来自图 3.8。它显示了**概率的等高线图**和**用灰色直线表示的决策边界**。根据它们的**预测概率**将数据点放在一条直线上，如图 3.9 的右图所示。

决策边界显示为一条**垂直的虚线**，置于所**选择的阈值**（0.5）处。虚线**左侧**的点被**归类为红色**，因此周围有**红色边缘**，而虚线**右侧**的点被**归类为蓝色**，周围有**蓝色边缘**。

这些点用**它们的实际颜色填充**，意味着**边缘和填充颜色不同的点被错误分类**。在图 3.9 右图中，有**一个蓝点归类为红色（左）**和**两个红点归类为蓝色（右）**。

现在，对图 3.9 右图做一个微小的改变，让它**在视觉上更有趣**：将在**概率线下方绘制蓝色（正）点**，**在概率线上方绘制红色（负）点**，如图 3.10 所示。

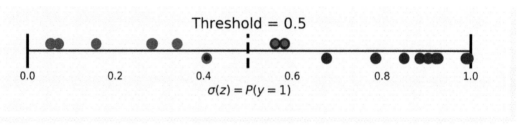

• 图 3.10　分割概率线

?

"为什么它在视觉上更有趣?"您问。

好吧，现在**所有正确分类的点和错误分类的点都在不同的象限**中。还有一些**看起来完全像这样的东西**——

▶▶ 混淆矩阵

这些象限的名称为：线上方的**真阴性**（**TN**）和**假阳性**（**FP**），线下方的**假阴性**（**FN**）和**真阳性**（**TP**）。

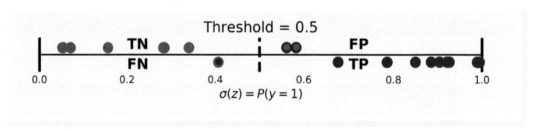

• 图 3.11　作为混淆矩阵的概率线

图 3.11 中**线上**的点是**实际的阴性**，**线下**的点是**实际的阳性**。

图 3.11 中**阈值右侧**的点被**分类为正**，**阈值左侧**的点被**分类为负**。

很酷，对吧？用 Scikit-Learn 的 confusion_matrix 方法仔细检查一下：

```
cm_thresh50 = confusion_matrix(y_val, (probabilities_val >= 0.5))
cm_thresh50
```

输出：

```
array([[ 7, 2],
       [ 1, 10]])
```

验证集中的所有 20 个点都被考虑在内。有 **3 个误分类点**：一个假阴性和两个假阳性，就像上图一样。我选择将**蓝点(正)移到线下方**，以**匹配 Scikit-Learn 的混淆矩阵约定**。

混淆矩阵本身已经**足够令人困惑**了，但**更糟糕**的是您会发现周围有各种各样的布局。有些人先列出正类，最后列出负类。有些人甚至**翻转**实际类别和预测类别，有效地转置混淆矩阵。在从"自然环境"看到的矩阵中得出结论之前，请务必**检查布局**。

为了让您和我的生活更简单，我只是在本书中坚持使用 Scikit-Learn 的约定。

我希望您已经注意到了一件事：**混淆矩阵取决于阈值**。如果您沿着**概率线移动**阈值，您最终会**改变每个象限中的点数**。

有**许多混淆矩阵，每个阈值对应一个**。

此外，**不同的混淆矩阵**意味着**不同的指标**，需要混淆矩阵的各个组成部分(即 TN、FP、FN 和 TP)来构建这些指标。下面的函数相应地拆分混淆矩阵。

真假阳性和真假阴性：

```
def split_cm(cm):
    #实际的阴性在顶行,在概率线上方
    actual_negative = cm[0]
    #预测的阴性在第一列
    tn = actual_negative[0]
    #预测的阳性在第二列
    fp = actual_negative[1]

    #实际的阳性在底行,在概率线下方
    actual_positive = cm[1]
    #预测的阴性在第一列
    fn = actual_positive[0]
    #预测的阳性在第二列
    tp = actual_positive[1]

    return tn, fp, fn, tp
```

▶▶ 指标

从这 4 个数字 TN、FP、FN 和 TP 开始，您可以构建**大量指标**。在这里只关注最常用的：**真和假阳性率**(TPR 和 FPR)、**精度率**、**召回率**和**准确率**。

真和假阳性率

从前两个开始：

$$TPR = \frac{TP}{TP+FN} \qquad FPR = \frac{FP}{FP+TN}$$

对于它们两者，您将**右侧（阳性）上的一个值除以相应行的总和**。因此，**真阳性率**是通过将**右下角**的值除以**底行**的总和来计算的。类似地，通过将**右上角**的值除以**顶行**的总和来计算**假阳性率**。很好，但它们意味着什么？

真阳性率告诉您，从**所有您**知道是阳性的点来看，**您的模型有多少是正确的**。在我们的示例中，**知道有 11 个阳性**示例。模型**答对了 10 个**。**TPR** 是 $\frac{10}{11}$，或大约 91%。这个指标还有另一个名称：**召回率**。有道理，对吧？从所有阳性的示例中，您的模型的**召回率**是多少？

如果**假阴性**对您的应用不利，您需要**专注于改进**模型的 **TPR/召回率**指标。

什么时候假阴性**真**的很糟糕？以机场安检为例，**阳性意味着存在威胁**。假阴性很常见：您没有什么可隐瞒的，但由于机器极其敏感，您的包最终仍会受到更彻底的检查。**假阴性**意味着机器**未能检测到实际威胁**。我不必解释为什么这很**糟糕**。

假阳性告诉您，从**所有您知道是阴性的点**来看，**您的模型有多少错误**。在我们的示例中，**知道有 9 个阴性**示例。模型有 **2 个错误**。**FPR** 是 $\frac{2}{9}$，或大约 22%。

如果**假阳性**对您的应用不利，则需要**专注于降低**模型的 **FPR** 指标。

什么时候假阳性**真**的很糟糕？以投资决策为例，**阳性意味着有利可图的投资**。假阴性是错失的机会：它们看起来像是糟糕的投资，但事实并非如此。您没有盈利，但也没有遭受任何损失。**假阳性**意味着您选择投资但最终**赔钱**了。

给定混淆矩阵，可以使用下面的函数来计算这两个指标。

真和假阳性率：

```
def tpr_fpr(cm):
    tn, fp, fn, tp = split_cm(cm)

    tpr = tp / (tp + fn)
    fpr = fp / (fp + tn)

    return tpr, fpr
tpr_fpr(cm_thresh50)
```

输出：

```
(0.9090909090909091, 0.2222222222222222)
```

TPR 和 FPR 之间的权衡

与往常一样，这两个指标之间存在权衡。

假设**假阴性**对我们的应用不利，想**改进 TPR**。这里有一个简单的想法：使用**零阈值**创建一个**仅预测正类的模型，没有得到任何假阴性**（因为首先没有任何阴性）。**TPR 是 100%**，太棒了，对吧？

不对！如果所有点都被预测为阳性，那么**每个负类都是假阳性**，并且**没有真正的阴性**。**FPR 也是 100%**。

世界上没有免费的午餐：该模型是没有意义的。

如果**假阳性**是问题所在呢？想办法**减少 FPR**。另一个绝妙的想法浮现在脑海中：创建一个**只预测负类**的模型，使用**阈值 1。没有得到任何假阳性**（因为首先没有任何阳性），**FPR 是 0%**。任务完成了，对吧？

您猜怎么着？又错了！如果所有点都被预测为阴性，那么**每个正类都是假阴性，没有真阳性**。**TPR 也是 0%**。

事实证明：鱼与熊掌不能兼得。

精确率和召回率

继续下一对指标，有：

$$召回率 = \frac{TP}{TP+FN} \quad 精确率 = \frac{TP}{TP+FP}$$

可以跳过**召回率**，因为正如我上面提到的，它**与 TPR 相同**：从所有阳性示例中，您的模型**召回率**是多少？

精确率呢？我们仅使用在**右侧（阳性）**中的数值计算精确率，即将**右下角**的数值除以**右侧**数值之和。它的含义与召回率的含义有些互补：在**您的模型**归类为阳性的所有点中，**您的模型有多少是正确的**。在我们的示例中，**模型将 12 个点归为阳性**，模型**答对了 10 个**，精确率为$\frac{10}{12}$或大约83%。

 如果**假阳性**对您的应用不利，您需要**专注于提高**模型的**精确率**指标。

给定混淆矩阵，可以使用下面的函数来计算这两个指标。

精确率和召回率：

```
def precision_recall(cm):
    tn, fp, fn, tp = split_cm(cm)

    precision = tp / (tp + fp)
    recall = tp / (tp + fn)

    return precision, recall
```

```
precision_recall(cm_thresh50)
```

输出：

```
(0.8333333333333334, 0.9090909090909091)
```

精确率和召回率之间的权衡

在这里也没有免费的午餐。不过，权衡有点不同。

假设**假阴性**对我们的应用不利，想**提高召回率**。再次使用**阈值 0** 创建一个**仅预测正类**的模型。**没有得到任何假阴性**（因为首先没有任何阴性），**召回率是 100%**。现在您可能正在等待坏消息，对吧？

如果所有点都被预测为阳性，则**每个阴性示例都将是假阳性**。**精确率**正是**数据集中阳性样本的比例**。

如果**假阳性**是问题所在呢？想**提高精确率**。是时候创建一个仅使用**阈值 1** 来**预测负类**的模型了。**没有得到任何假阳性**（因为首先没有任何阳性），**精确率是 100%**。

当然，这好得令人难以置信……如果所有点都被预测为阴性，则**没有真正的阳性**，**召回率是 0%**。

没有免费的午餐，鱼和熊掌也没有，只有另外几个没用的模型。

还有一个指标需要探索。

准确率

这是所有指标中最简单和最直观的：考虑到所有数据点，您的模型有多少次正确，完全直截了当。

$$准确率 = \frac{TP+TN}{TP+TN+FP+FN}$$

在我们的示例中，模型在总共 20 个数据点中得到了 17 个点，其准确率为 85%。还不错吧？准确率越高越好，但它并不能说明全部情况。如果您有一个不平衡的数据集，那么依赖准确率可能会产生误导。

假设有 1000 个数据点：990 个点是负类，只有 10 个点是正类。现在，采用阈值 1 且**仅预测负类**的模型。这样，以 **10 个假阴性**为代价获得了**所有 990 个负类**。该模型的准确率为 99%。但是这个模型仍然没有用，因为它永远不会得到正确的正例。

准确率可能会产生误导，因为它不涉及与其他指标（如之前的指标）的权衡。

谈到权衡——

▶▶ 权衡和曲线

已经知道在真阳性率和假阳性率之间，以及精确率和召回率之间存在权衡；也知道有很多混淆矩阵，每个阈值对应一个。如果将这两条信息结合起来会怎样？我向您展示**接受者操作特征（ROC）**曲线和**精确率–召回率（PR）**曲线。好吧，它们还不是曲线，但它们很快就会成为曲线。

已经使用 50% 的阈值计算了模型的 TPR/召回率(91%)、FPR(22%)和精确率(83%)。如果绘制它们,则将得到图 3.12。

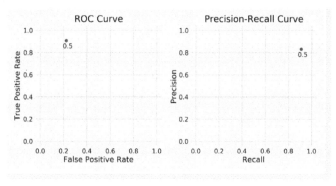

● 图 3.12　50% 阈值的权衡

是时候尝试**不同的阈值**了。

低阈值

那么 30% 呢?如果预测的概率大于或等于 30%,将数据点分类为正类,否则为负类。这是一个非常宽泛的阈值,因为并不需要模型非常有信心地将数据点视为正类。我们能从中得到什么?**更多的假阳性,更少的假阴性。**

您可以在图 3.13 中看到,**降低阈值**(在概率线上向左移动)**使一个假阴性变成了一个真阳性**(接近 0.4 的蓝点),但它也**使一个真阴性变成了假阳性**(接近 0.4 的红点)。

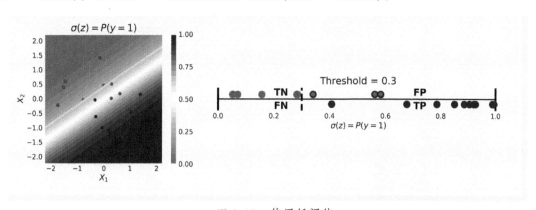

● 图 3.13　使用低阈值

用 Scikit-learn 的混淆矩阵仔细检查一下:

```
confusion_matrix(y_val, (probabilities_val >= 0.3))
```

输出:

```
array([[ 6, 3],
       [ 0, 11]])
```

好的，下面再绘制一下相应的指标，如图 3.14 所示。

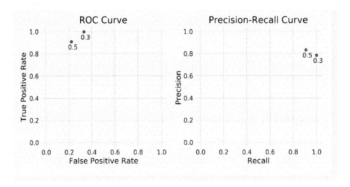

● 图 3.14　两个不同阈值的权衡

我知道，这仍然不是一条曲线……但已经可以从这两点中学到一些东西了。

 降低阈值会使整体形状沿两条曲线向右移动。

现在移到另一边。

高阈值

70%呢？如果预测概率大于或等于 70%，将数据点分类为正类，否则为负类。这是一个非常**严格**的阈值，因为要求对模型必须非常有信心才能将数据点视为正类。我们能从中得到什么？**更少的假阳性，更多的假阴性。**

您可以在图 3.15 中看到，**提高阈值**（将其在概率线上向右移动）**将两个假阳性变成了真阴性**（接近 0.6 的红点），但它也**将一个真阳性变成了假阴性**（接近 0.6 的蓝点）。

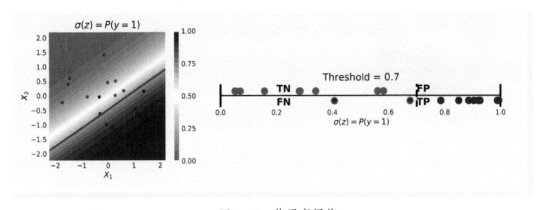

● 图 3.15　使用高阈值

用 Scikit-learn 的混淆矩阵仔细检查一下：

```
confusion_matrix(y_val, (probabilities_val >= 0.7))
```

输出：

```
array([[9, 0],
       [2, 9]])
```

好的，下面再次绘制相应的指标，如图 3.16 所示。

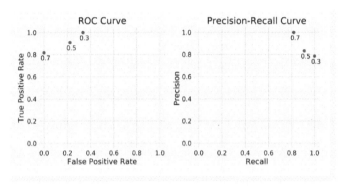

● 图 3.16　两个不同阈值的权衡

我想现在可以称它为曲线了。

 提高阈值会使整体形状沿两条曲线向左移动。

可以把这些点连接起来，称它为真实的曲线吗？事实上，不，还不能……

ROC 和 PR 曲线

需要尝试**更多的阈值**来实际构建曲线。试试 10% 的倍数：

```
threshs = np.linspace(0,1,11)
```

酷！我们终于有了合适的曲线（如图 3.17 所示）。

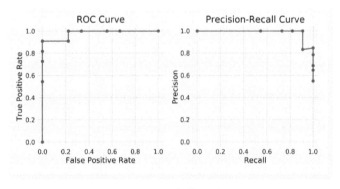

● 图 3.17　完整的曲线

我有几个问题要问您：

● 在每幅图中，哪个点对应于**阈值 0（每个预测都是正类）**？

- 在每幅图中，哪个点对应于**阈值 1**（**每个预测都是负类**）？
- **PR 曲线中最右边**的点代表什么？
- 如果**提高阈值**，如何**沿着曲线移动**？

通过参考指标部分，您应该能够回答所有上述问题。但是，如果您渴望得到答案，下面就是：

- **阈值 0** 对应于两条曲线中**最右侧**的点。
- **阈值 1** 对应于两条曲线中**最左侧**的点。
- **PR 曲线最右侧**的点代表**数据集中正类的比率**。
- 如果**提高阈值**，将沿着两条曲线**向左移动**。

现在，使用 Scikit-Learn 的 roc_curve 和 precision_recall_curve 方法仔细检查曲线：

```
fpr, tpr, thresholds1 = roc_curve(y_val, probabilities_val)
prec, rec, thresholds2 = precision_recall_curve(y_val,
probabilities_val)
```

相同的形状，不同的点，如图 3.18 所示。

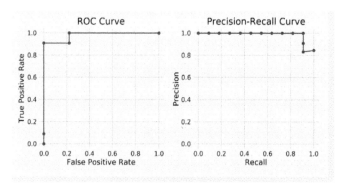

- 图 3.18　Scikit-Learn 曲线

"为什么这些曲线的点与我们的不同？"

简单地说，Scikit-Learn 只使用**有意义的阈值**，即那些**实际上对指标产生影响的阈值**。如果稍微移动阈值不会修改任何点的分类，那么构建曲线也没有意义。另外，请注意**两条曲线具有不同数量的点**，因为不同的指标具有不同的一组有意义的阈值。此外，这些**阈值不一定包括极值、 0 和 1**。在 Scikit-Learn 的 PR 曲线中，最右边的点与我们的明显不同。

"PR 曲线怎么会**下降到较低的精确率**呢？当提高阈值时，它不应该总是上升，沿着曲线向左移动吗？"

精确率的特殊性

很高兴您问这个问题。这很烦人，有点违反直觉，但它经常发生，所以仔细看看。为了说明**为什么会发生**这种情况，我将绘制 3 个不同阈值的概率线：0.4、0.5 和 0.57。

在图 3.19 的最上面，阈值为 0.4，右侧有 **15 个点**(归为正类)，其中**两个是假阳性**。

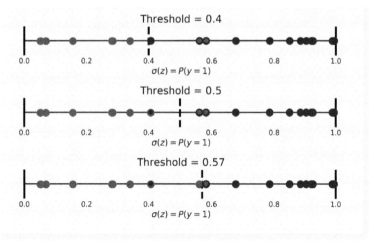

● 图 3.19　精确率的特殊性

精确率由下式给出：

$$精确率_{阈值=0.4} = \frac{13}{13+2} = 0.8666$$

但是如果将阈值向右移动到 0.5，会**失去一个真正的正类**，从而有效地**降低精确率**：

$$精确率_{阈值=0.5} = \frac{13-1}{(13-1)+2} = \frac{12}{12+2} = 0.8571$$

不过，这是**暂时的副作用**。当将阈值进一步提高到 0.57 时，可以**摆脱假阳性**，从而**提高精确率**：

$$精确率_{阈值=0.57} = \frac{12}{12+(2-1)} = \frac{12}{12+1} = 0.9230$$

一般来说，**提高阈值会减少假阳性的数量并提高精确率**。

但是，在此过程中，可能**会丢失一些真正的正类结果**，这会**暂时降低精确率**。很奇怪，对吧？

最好的和最差的曲线

扪心自问：**最好的**(当然还有**最差的**)曲线会是什么样子？

最好的曲线属于可以完美预测一切的模型：它提供了所有实际正类数据点的 100%概率和所有实际负类数据点的 0%概率。当然，这样的模型在现实生活中是*不存在*的，但欺骗行为确实存在。所以，欺骗并使用**真实标签**作为**概率**，图 3.20 所示是我们得到的曲线。

很好！如果存在完美的模型，它的曲线实际上是**正方形的**。**ROC 曲线的左上角**以及 **PR 曲线的右上角**是(无法达到的)最佳点。实际上，我们的逻辑斯蒂回归还不错……但是，验证集非常简单。

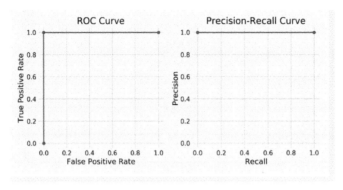

● 图 3.20 最好的曲线

"最差曲线的奥斯卡奖颁给了……"

*"……***随机模型!***"*

如果一个模型在不考虑实际数据的情况下**处处都是概率**，那就太糟糕了。可以简单地**生成 0~1 之间的均匀分布值作为随机概率**：

```
np.random.seed(39)
random_probs = np.random.uniform(size=y_val.shape)

fpr_random, tpr_random, thresholds1_random = roc_curve(y_val, random_probs)
prec_random, rec_random, thresholds2_random =
precision_recall_curve(y_val, random_probs)
```

只有 20 个数据点，所以曲线(如图 3.21 所示)并不像**理论上那样糟糕**，黑色虚线是两条曲线理论上最差的。在图 3.21 的左边，**对角线**是最糟糕的。在图 3.21 的右边，它有更细微的差别：**最坏的情况是一条水平线**，但**水平线的高度**是由数据集中**正例的比例**给出的。在我们的示例中，20 个数据点中有 11 个正例，因此该线位于 0.55 的高度上。

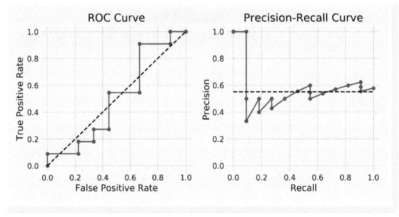

● 图 3.21 有史以来最差的曲线

对比各模型

"如果有两个模型，我该如何选择最好的一个？"

"最好的模型是具有最佳曲线的模型。"

明知故问

谢谢您。这里真正的问题是：如何比较曲线？它们**越接近正方形**，就**越好**，这一点已经知道了。此外，如果**一条曲线的所有点都高于另一条曲线的所有点**，那么上面的那条曲线显然是最好的。问题是，两个不同的模型可能会产生在某个点**相互交叉**的曲线。如果是这样，就**没有明确的赢家**。

解决这一困境的一种可能方法是查看**曲线下的区域**。下方**面积更大**的曲线**获胜**。幸运的是，Scikit-Learn 有一个 auc(曲线下面积)方法，可以用它来计算我们(好)的模型的曲线下面积：

```
#模型曲线下的区域
auroc = auc(fpr, tpr)
aupr = auc(rec, prec)
print(auroc, aupr)
```

输出：

```
0.9797979797979798 0.9854312354312356
```

非常接近 1 的完美值。但话又说回来，这是一个不真实的例子……您不应该期望现实生活中的数字如此之高。随机模型呢？**最差 ROC 曲线下面积的理论最小值为 0.5**，即对角线下面积。**最差 PR 曲线下面积的理论最小值是数据集中正例的比例**，在我们的例子中为 0.55。

```
#随机模型曲线下的区域
auroc_random = auc(fpr_random, tpr_random)
aupr_random = auc(rec_random, prec_random)
print(auroc_random, aupr_random)
```

输出：

```
0.505050505050505 0.570559046216941
```

足够接近了，毕竟，随机模型产生的曲线只是粗略地接近理论曲线。

延伸阅读

如果您想了解有关这两条曲线的更多信息，可以查看 Scikit-Learn 的 "Receiver Operating Characteristic（ROC）"[69]和"Precision-Recall"[70]文档。另一个很好的资源是 Jason Brownlee 的机器学习精通博客："How to Use ROC Curves and Precision-Recall Curves for Classification in Python"[71]和 "ROC Curves and Precision-Recall Curves for Imbalanced Classification"[72]。

 归纳总结

在本章，没有对训练管道进行太多修改。数据准备部分与上一章大致相同，只是这次使用 Scikit-Learn 进行了拆分。模型配置部分也大致相同，但**更改了损失函数**，因此它适合**分类**问题。自

从上一章开发 **StepByStep** 类以来，模型训练部分就相当简单了。

但是现在，在训练了一个模型之后，可以使用类的 **predict** 方法来获得对验证集的预测，并使用 Scikit-Learn 的 **metrics** 模块来计算广泛的分类指标，如混淆矩阵。

数据准备：

```
1   torch.manual_seed(13)
2
3   #通过 Numpy 数组构建张量
4   x_train_tensor = torch.as_tensor(X_train).float()
5   y_train_tensor = torch.as_tensor(y_train.reshape(-1, 1)).float()
6
7   x_val_tensor = torch.as_tensor(X_val).float()
8   y_val_tensor = torch.as_tensor(y_val.reshape(-1, 1)).float()
9
10  #构建包含所有数据点的数据集
11  train_dataset = TensorDataset(x_train_tensor, y_train_tensor)
12  val_dataset = TensorDataset(x_val_tensor, y_val_tensor)
13
14  #构建每个集合的加载器
15  train_loader = DataLoader(
16      dataset=train_dataset,
17      batch_size=16,
18      shuffle=True
19  )
20  val_loader = DataLoader(dataset=val_dataset, batch_size=16)
```

模型配置：

```
#设置学习率
lr = 0.1

torch.manual_seed(42)
model = nn.Sequential()
model.add_module('linear', nn.Linear(2, 1))

#定义 SGD 优化器来更新参数
optimizer = optim.SGD(model.parameters(), lr=lr)

#定义 BCE 损失函数
loss_fn = nn.BCEWithLogitsLoss()
```

模型训练：

```
1   n_epochs = 100
2
3   sbs = StepByStep(model, loss_fn, optimizer)
4   sbs.set_loaders(train_loader, val_loader)
5   sbs.train(n_epochs)
print(model.state_dict())
```

输出：

```
OrderedDict ([('linear.weight', tensor([[ 1.1822, -1.8684]], device='cuda:0')),
            ('linear.bias',tensor([-0.0587], device='cuda:0'))])
```

评估：

```
1  logits_val = sbs.predict(X_val)
2  probabilities_val = sigmoid(logits_val).squeeze()
3  cm_thresh50 = confusion_matrix(y_val, (probabilities_val >= 0.5))
4  cm_thresh50
```

输出：

```
array([[ 7, 2],
       [ 1, 10]])
```

 回顾

在本章，讨论了许多与分类问题相关的概念。以下是所涉及的内容：

- 定义**二元分类问题**。
- 使用 Scikit-Learn 的 make_moons 方法生成和准备小数据集。
- 将 **logit** 定义为**特征线性组合**的结果。
- 了解什么是**比值比**和**对数比值比**。
- 可以将 logit **解释为对数比值比**。
- 使用 **Sigmoid 函数**将 **logit 映射成概率**。
- 将**逻辑斯蒂回归**定义为输出中**带有 Sigmoid 函数的简单神经网络**。
- 了解**二元交叉熵损失**及其 PyTorch 中实现的 BCELoss。
- 了解 BCELoss 和 BCEWithLogitsLoss 之间的区别。
- 强调**选择最后一层和损失函数的正确组合的重要性**。
- 使用 PyTorch 的损失函数的参数来处理**不平衡的数据集**。
- 为分类问题**配置**模型、损失函数和优化器。
- 使用 StepByStep 类**训练**模型。
- 了解验证损失**可能小于**训练损失。
- **进行预测**并将**预测的对数映射成概率**。
- **使用分类阈值**将概率转换为类别。
- 理解**决策边界**的定义。
- 理解**类的可分离性**概念以及它与**维度**的关系。
- 探讨**不同的分类阈值**及其对**混淆矩阵**的影响。
- 回顾评估分类算法的典型**指标**，如真和假阳性率、精确率和召回率。
- 根据针对**多个阈值计算的指标**构建 **ROC** 和**精确率–召回率**曲线。

- 了解在提高分类阈值的同时，**丢失精确率的特殊性**背后的原因。
- 定义**最好**的和**最差**的 ROC 和 PR 曲线。
- 使用**曲线下面积**来比较不同的模型。

哇！这可是**一大堆**知识材料啊！恭喜您，在旅程中又迈出了一大步。下一步是什么？我们将**在这些知识的基础上**先解决**图像分类问题**，然后再解决**多类分类问题**。

扩展阅读

文中提到的阅读资料(网址)请读者按照本书封底的说明方法自行下载。